ENGELBARTS TRAUM

恩格尔巴特的梦

计算机是如何减轻我们阅读和写作负担的？

［德］亨宁·罗宾（Henning Lobin）著

余荃　雷小康　译

电子工业出版社
Publishing House of Electronics Industry
北京·BEIJING

Copyright © 2014 Campus Verlag GmbH, Frankfurt am Main

本书中文简体版授权予电子工业出版社独家出版发行。未经书面许可，不得以任何方式抄袭、复制或节录本书中的任何内容。

版权贸易合同登记号 图字：01-2018-6828

图书在版编目（CIP）数据

恩格尔巴特的梦：计算机是如何减轻我们阅读和写作负担的？/（德）亨宁·罗宾（Henning Lobin）著；余荃，雷小康译. -- 北京：电子工业出版社，2019.6

书名原文：Engelbarts Traum

ISBN 978-7-121-35606-3

Ⅰ. ①恩… Ⅱ. ①亨… ②余… ③雷… Ⅲ. ①电子计算机－普及读物 Ⅳ. ①TP3-49

中国版本图书馆CIP数据核字（2018）第264084号

书　　名：恩格尔巴特的梦：计算机是如何减轻我们阅读和写作负担的？
作　　者：［德］亨宁·罗宾（Henning Lobin）著　余荃　雷小康　译
策划编辑：胡　南
责任编辑：潘　炜　文字编辑：舒　琴
印　　刷：三河市鑫金马印装有限公司
装　　订：三河市鑫金马印装有限公司
出版发行：电子工业出版社
　　　　　北京市海淀区万寿路173信箱　邮编 100036
开　　本：720×1000　1/16　印张：22　字数：200千字
版　　次：2019年6月第1版
印　　次：2019年6月第1次印刷
定　　价：78.00元

凡所购买电子工业出版社图书有缺损问题，请向购买书店调换。若书店售缺，请与本社发行部联系，联系及邮购电话：（010）88254888，88258888。
质量投诉请发邮件至 zlts@phei.com.cn，盗版侵权举报请发邮件至 dbqq@phei.com.cn。
本书咨询联系方式：010-88254210，influence@phei.com.cn，微信号：yingxianglibook。

前言

"专家:谷歌时代遇到了困难"——2010年5月11日的《图片报》上刊登出了这样的标题。现如今的年轻人已经失去了在图书馆中通过翻阅资料来获取有效信息的能力了。基于这种现象,吉森大学图书馆馆长、"黑塞图书馆日"的组织者彼得·洛特(Peter Reuter)博士邀请我赴美做一个关于"图书馆的数字化变革"的报告。鉴于我曾在吉森大学的媒体与交际中心(ZMI)工作过一段时间,并且研究的课题也是"文化技术的变化",我很荣幸地接受了这一邀请。至今,我还清楚地记得第一次去纽约公共图书馆做报告时的震撼感受(相关情况在第3章开篇有所提及)。《图片报》强调了我的观点,国外媒体跟进了后续报道，报告结束后涌现出大量问题，这一切都让我意识到原来世界上研究"数字符号下的阅读和书写"这一课题的人有这么多。此次美国之行就是促使我撰写这本书的原因。

本书得到了吉森大学媒体与交际中心研究项目的支持。该项目不仅是黑森州科技部（Hessische Wissens chaftsminis terium）牵头的项目"文化技术及其多媒体化"的子项目，是大众汽车基金资助的项目"交际科学——数字媒体支持下的内部学术交流"的子项目，还是德国联邦教育及研究部资助的E-Humanities项目——GeoBib的子项目。本书中没有提及这些项目的研究内容，但我们的工作却得到了相关部门的大力支持，他们为参与本项目研究工作的吉森大学媒体与交际中心的科学家们创造了极佳的科研环境。值此成书之际，请允许我对此三个机构及我的同事们表示衷心的感谢。

我还要感谢那些热心与我探讨书中问题的朋友们。尽管过去的几年中我已经做过数次与本书内容有关的报告，但这些都是零散的积累，而与朋友们进行的探讨帮助我加深了认识、梳理了思路。尤其要感谢下面几位朋友：邀请我到法兰克福工程技术协会（Polytechinische Gesellschaft Frankfurt）做报告的萨比娜·赫姆留斯（Sabine Homilius），在莫斯科史翠卡研究所（Strelka-Institute）与我畅谈的米歇尔·辛德海姆（Michael Schindhelm），在慕尼黑的歌德学院与我深入讨论"文化实践"的汉斯·乔治·克努布（Hans-Georg Knopp），为我提供尚处在研发阶段的WikiNect系统演示（具体请参看第6章）的亚历山大·梅勒（Alexander Mehler），在巴西利亚、索非亚、华沙、波兹南、中国上海和郑州的大学里一起合作过的同事们，以及过去几年中所有参加基尔日耳曼学者大会的学者。

感谢为本书结构提出宝贵意见的Campus出版社编辑尤蒂斯·威尔克·普利马维斯（Judith Wilke-Primavesi），感谢尽心校对书稿并对本书提出宝贵修改意见的我的合作伙伴、朋友和咨询顾问萨比娜·海曼（Sabine Heymann）女士。最后，特别感谢最不知疲倦的、最智慧的本书的首位读者、我亲爱的妻子安迪·罗宾（Antje Lobin）女士，感谢她对我的研究课题不遗余力的支持。即使在自己要完成论文的艰难情况下，她也尽自己的所能，为本书做出了极大的贡献。

亨宁·罗宾

法兰克福，2014年7月

目 录

1. 梦想就要成真 *001*

2. 文化技术——阅读和书写 *013*

    2.1 文化技术 *015*

    2.2 文字符号系统 *019*

    2.3 文字的载体 *024*

    2.4 脑海中的文字 *031*

    2.5 谁在阅读和写作？阅读和写作的过程是如何展开的？ *039*

3. 文字文化 *047*

    3.1 文化是符号系统 *050*

    3.2 文化交流 *057*

    3.3 手稿文化、书文化与文字文化 *064*

    3.4 基础设施 *069*

    3.5 文化机构 *076*

    3.6 理解、概念、财富、神话 *083*

4. 数字化和数字文化的推动力　*093*

    4.1　数字编码　*096*

    4.2　图灵机时代　*103*

    4.3　数字文章　*107*

    4.4　数字化交流　*115*

    4.5　数字文化　*118*

5. 阅读新方法　*123*

    5.1　电子阅读　*125*

    5.2　混合阅读　*131*

    5.3　多媒体阅读　*144*

    5.4　社会阅读　*151*

6. 书写的新科技　*159*

    6.1　数字书写　*161*

    6.2　多样化书写　*170*

    6.3　多媒体写作　*185*

    6.4　社会写作　*192*

7. 失去了什么？得到了什么？　*203*

    7.1　阅　读　*206*

    7.2　书　写　*213*

    7.3　研　究　*221*

    7.4　学　习　*230*

    7.5　获取信息　*235*

8. 文化的进化 *245*

    8.1 模　因　*248*

    8.2 通过语言和文字进行复制　*258*

    8.3 文化领域中的模因论　*266*

    8.4 数字模因　*275*

    8.5 数字编码是文化的DNA　*281*

9. 数字文化 *291*

    9.1 从文字文化到数字文化　*294*

    9.2 出版社和书店行业　*299*

    9.3 中学和大学　*307*

    9.4 图书馆和研究机构　*313*

    9.5 新闻和审查　*321*

10. 过去的梦和未来的梦 *329*

1 梦想就要成真

1968年12月9日,美国旧金山的秋季计算机联合会议上,一个当时人们从未见过的伟大发明即将公之于众。斯坦福研究院(坐落于距离会议中心50公里的门洛帕克市)的道格拉斯·恩格尔巴特博士需要1.5小时才能完成他的讲座——"人类智力优化研究中心"[1]。这一主题非常符合当时发源于加利福尼亚的嬉皮士文化,因此吸引了

---

1 英文名:"A research center for augmenting the human intellect"。带注释的版本可见:http://sloan.stanford.edu/MouseSite/1968Demo.html;不带注释的版本可见:http://www.youtube.com/watch?v=yJDv-zdhzMY。相关信息还可以查询以下网址:http://sloan.stanford.edu/MouseSite/。该概念最早是由恩格尔巴特(1962)提出的。赫尔曼(Heilmann,2010:155-168)和巴蒂尼(Bardini,2000)与恩格尔巴特的观点一致。还可以在巴蒂尼(Bardini,2000:98-101)找到恩格尔巴特的相关论点。

2000名观众满怀期待地端坐在漆黑的布鲁克斯音乐厅,等待着这场即将在本次会议最大场地中举行的高科技秀。

布鲁克斯音乐厅的正面悬挂着高达6.5米的视频投影巨幕,舞台的右边摆着一张椅子,椅子前面就是演讲台,演讲台上静静地放置着一台仪器——一台每位计算机专家都非常熟悉的打字机键盘。但仔细观察,你就会发现,这台打字机键盘已经被分成了两部分:左边的部分由5个贴有符号的按键构成,像钢琴的键盘一样,恩格尔巴特博士为它取名"和弦键盘";右边的部分则被设计成了一个小盒子的模样,小盒子上有3个可以上下左右滑动的键。"我不知道大家为什么要把它叫做鼠标,它从诞生起就是那个样子,我们并没有仿造老鼠来设计它的外形",恩格尔巴特后来如此说道[1]。

这两种输入设备配合得十分默契:左手操纵和弦键盘,右手操纵鼠标,眼睛盯着大屏幕。在长达90分钟的现场演示过程中,有17位身着白衬衫、戴着黑领带的来自不同研究团队的专家戴上耳机对实验进行了监督。他们围着视频屏幕左右打量。这种景象的再次出现,就只有在3个月后首次登月计划的控制中心里了。

---

[1] 鼠标的发展和功能请参看巴蒂尼(Bardini,2000:60-62):Chord Keyset。鼠标发明之前的历史请参看巴蒂尼(Bardini,2000:98-101)。

恩格尔巴特是一名水下武器专家，早在二战期间，他就已经计划将雷达示波器与计算机连接起来，用于显示文字符号和线条图形，让计算机能够与人直接实现交互，结束穿孔卡一统天下的时代。尽管1968年时的计算机已经能够实现多人同时操作，但输入设备还是只有单一的打孔机。而恩格尔巴特和他的团队则实现了将这种改良后的计算机输出结果"打印"在雷达显示屏上——之所以不显示在电视屏幕上，那是因为电视屏幕上并不需要显示大片的文字。但美中不足的是，与电视机显示屏有所不同，雷达示波器造价昂贵，且屏幕不停地闪烁，不利于观看。为了解决这个问题，恩格尔巴特团队于1968年将一款其自主研发的新成果成功投产。这款产品用外形更小、造价更便宜的雷达示波器显示出文字并把这些文字做成图片，再将它们显示在电视屏幕上。这样一来，同一张图片不仅可以显示在一台或多台电视机屏幕上，还可以显示在墙上的大屏幕上。接着进一步加工图片，将其底色变成黑色并将文字变成白色，之前示波器屏幕显示出的文字晃动的现象就完全消失了。

在整个报告的过程中，观众们惊奇地看着恩格尔巴特的团队展示了在文本中删除、插入和移动词汇等功能，以及用鼠标点击一个词就能打开另一个文本并将其显示在屏幕上——也就是我们现在所熟知的超链接的功能。恩格尔巴特与他的助手威廉姆共同完成了对这篇文本的处理——而且是同时完成！而这时的威廉姆正坐在门洛公园的实验室里，通过视频连线和音频连线实时监控着会议现场。当然，若没有搭建无线电线路，也无法达到这样的效果。这一实验首次展示了计算机远程连线技术，并进行了现场直播。这一科研成果花费巨大，但却为今后十年的相关技术领域的研究打下了坚实的基础。恩格尔巴特的这一次演讲也是人类历史上首次与计算机合作完成的演讲。他所展示的文字处理与超链接技术就是"在线系统"，简称NLS，这一技术为今后的相关研究打开了一扇新的大门。该研究项目革命性的变革在于：NLS为我们提供了一种展示文本、技术发展和项目管理的新手段。正是这种新手段为恩格尔巴特和那位通过视频实现远程控制的助手提供了传输文本信息、控制计算机任务进程以及完成超链接展示的可能性。在这之后，众多科学家开始投入到改良该系统、使其更加符合不同需求的研究工作之中。

演讲的最后，恩格尔巴特感谢了为该项目作出贡献的他的助手、爱人和女儿，随后现场响起了雷鸣般的掌声。这无疑是恩格尔巴特职业生涯中、或许也是他的整个人生中最辉煌的时刻。但不久之后，好几位原先为实验室给予资金支持的投资人都撤了资，因此，恩格尔巴特和他的团队将NLS技术投放市场并使之广泛应用到互联网领域的梦想最终也未能实现。尽管如此，恩格尔巴特的理念却对后续的研究产生了巨大的影响。团队解散后,部分成员加入了施乐公司成立的办公自动化研究中心。他们继续将恩格尔巴特的理念贯彻到自己的研究之中,并于1973年研发出了第一台配备用户界面的个人计算机——Alto。该团队所研发的样品计算机,吸引了一位年轻商人的注意,他从中看到了巨大的商机,那就是研发一款造价低廉、专为普通家庭打造的个人计算机,这位年轻的商人就是史蒂夫·乔布斯。他为这种当时看起来非常与众不同的计算机而着迷。1983年,乔布斯创立的苹果公司将第一款造价低廉、配备用户界面的个人计算机投放市场,当然也给它配备了Lisa鼠标[1]。一年之后,另一款性价比极高的麦金塔计算机上市,它迅速让乔布斯成为了亿万富翁。

　　恩格尔巴特的在线系统的发明是计算机不长的发展历程中最为辉煌的时刻,他首次发现计算机除了可以完成大量的数据运算外,还可以实现交互功能。恩格尔巴特的目标是将计算机改造成人类的新型工具,可以随时获取信息,帮助人类完成一定范围内的脑力劳动。在他之前,几乎没有任何一个科研人员想到用这样的方式来运用计算机这个特殊的工具。数据和程序在打孔卡上跳跃,操作人员

---

[1] 该鼠标的使用费用高达4万美元,相关内容请参看恩格尔巴特接受网络杂志SuperKids的采访,http://www.superkids.com/aweb/pages/features/mouse/mouse/html。

阅读这些卡片，一个小时后才能用文字把结果打印在纸上。恩格尔巴特发明了"用户操作系统"，能够随时将计算机同使用者连接起来，让使用者立刻解读计算机输出的信息，这就节省了阅读打孔卡的时间，并且只需用鼠标轻轻点击一下，就能立刻跳转到另外一个页面上去，正如演讲中所展示的那样。当时，许多人认为将这种造价昂贵的技术投产无异于天方夜谭。但恩格尔巴特却坚信，他们一定能够制造出价格低廉的"人类智力延伸型"电脑。

恩格尔巴特的系统中运行着三套相互独立的系统。传统的计算机只有一套系统，其功能主要是为了实现运算、处理数字和文字符号。在线系统则为用户提供了多种可能，首先，用户可以直接将篇章输入到计算机中，减轻了工作量。这个系统还可以对复杂的目录清单进行编号处理。其次，配备在线系统的计算机可以同时处理不同类型的数据。恩格尔巴特将购物清单与写有地点的卡片同时输入计算机，计算机可以顺利地对其进行识别。传统的计算机输出系统用的是二进制方法，也就是用0和1对输出信息进行编码。二进制将所有的信息数据以统一的形式展现出来，但它并未照顾到人在识别不同信息（比如数字、文字、表格、图片、图表）时的易读性。此外，在线系统将不同的计算机和仪器连接在了一起，也就意味着把操作计算机和仪器的人也连接了起来，组成了一个团队。

恩格尔巴特在他的实验中使用了一种造价昂贵、由自己团队研发的电话线[1]。他在旧金山准备这场在线系统学术报告的同时，该团队的其他成员正在制作用于实现现场试验效果的设备。在报告的最后，恩格尔巴特提出了这样的设想："或许这样的在线系统明年就能投放市场"。但事实是，1969年秋天构建的网络只能在四台计算机中间实现[2]。

1968年12月9日，恩格尔巴特首次将自动化、数据输入和网络化结合起来。这一新发明不仅是一项技术的革新，而且还扩展了读书和写作、处理文字信息的文化范畴，丰富了多媒体、社会及混合模式的意义。从此之后，具备读写能力的不仅仅是人类了，计算机也同样能读能写。文字不仅仅是能够组成文章的文字符号，也涵盖了表格、图画、录音等诸多形式。人类阅读和书写不再是一个人的活动，而变成了集体活动。在计算机上进行阅读变成了混合式的、多媒体式的和社会式的形式。就这样，完全不同于过去的新的阅读和书写概念就此诞生了。

几千年以来，书写都是只有人类才能完成的任务。随着社会和科

---

1 巴蒂尼（Bardini，2000:140）
2 诺顿（Naughton，2000）

技的发展，书写的方式也在不断地发生着变化。15世纪印刷术发明之后，阅读和书写就发生了首次巨大的变革，由此拉开了其在今后的数百年内不断革新的大幕。印刷机器使得书本的数量激增，降低了书本的价格，使书本变成人人都消费得起的商品。越来越多的孩子开始拿着书本走进校园，接受教育，学习阅读和书写，获取更多的知识。印刷机器的发明加速了科技的发展和信息的传播，报纸上刊登着的社会和政治新闻让人们随时都能了解到自己生活中所发生的变化。数百年来始终不变的是：无论是手写的文章还是机器打印出来的文章，都需要人用眼睛去看，用大脑去解读。因此，书写的符号就必须符合能被人类所解读这一要求。阅读是一项需要习得才能准确掌握的技能，这一点从未被飞速发展的科技所影响。

但数字化彻底改变了这一切：文字不再以可以被人类直接解读的文字符号形式出现，而是变成了二进制符号。为了能够解读二进制符号，我们需要将计算机作为阅读和书写的仪器，利用特定的程序来实现意义解析。比如文字编辑软件Microsoft Word就是这样的一款解码软件：它将计算机中二进制的0和1转化为字母，再结合其他的数字信息，将字母以特定的大小、颜色和方式在屏幕上显示出来。只有将这一套程序顺利完成，我们才能够在电脑屏幕上看到能够被大脑理解的文字。网页浏览器和智能手机中的App的原理也是如此。

如果有一天所有的电子产品，比如服务器、笔记本电脑、输入设备、智能手机、电子书阅读器都从我们的生活中消失，那么我们的基础设施系统就会全面陷入瘫痪。除此之外，我们也无法了解大部分的其他人的智慧，这是因为，没有了计算机将二进制符号转换成可解读的文字或语音，许多知识我们根本就无法理解。数字化终结了人们认为只有人才能书写和阅读的时代，赋予了书写和阅读新的含义。在数字时代中，人类与机器共生，我们的生活与机器息息相关，书写和阅读逐渐成为了科技发展的附庸。

将文字以二进制符号的形式进行存储的方式尽管有一定的风险，但仍利大于弊。第一位发现这条规律的是一位名叫葛丽丝·霍普（Grace Hopper）的数学家，她后来成为了美国海军准将。早在上世纪40年代，这位年轻的女士就参与了世界上第一台计算机的研发工作[1]。这台计算机操作系统的每一条指令都是由像她一样的计算机科学家用二进制符号编写出来的。当时的计算机系统智能化程度非常低，因此，这项工作进行得非常艰难，整个过程十分枯燥，研发结果也不尽如人意。

到了1950年左右，葛丽丝·霍普萌发了让计算机自动识别命令的想法。实现这一想法的前提是编写出一套既能被人类理解，也能

---

[1] 拜尔（Beyer，2009）

被计算机所识别的语言。于是，在道格拉斯·恩格尔巴特的在线系统实验成功16年之后的1952年，第一款自动翻译编译器"A－0"问世了[1]。安装了这款编译器的计算机不仅能识别数字，而且能识别文字。尽管计算机能够识别的这种语言是编程语言，和自然语言还有很大差距，但仍然开创了一个前所未有的新时代，结束了计算机不能识别字母符号的历史。不久之后，美国和前苏联的科学家们冲破了冷战的壁垒，实现了英俄、俄英之间的计算机翻译。划时代的伟大发明最终于1954年初问世了：乔治敦IBM实验首次实现了机器自主翻译。尽管当时的计算机系统只能识别数百个词汇，将几句特定的俄语翻译成英文，但仍然震动了整个美国社会，赢得了人们的一片赞叹，也令美国军方激动不已[2]。阅读和书写自动化技术在此基础上飞速发展。从此之后，阅读和书写不再是人类专属的能力，计算机也能用它的方式实现阅读和书写，人类失去了对语言文字的垄断地位。

　　数字化对阅读和书写带来的变革直接导致了文化出版业的革新。计算机未能识别人类语言之前，文字是以书面的形式用印刷机器记

---

[1] 赫尔曼（Heilmann，2010:82-88）
[2] 哈钦斯（Hutchins，1986）

录在纸张和书本上的。这些文字或藏于图书馆中,或在书店进行售卖,或以报纸等出版物的形式进行传播。文字以书、报纸或杂志等为载体,通过书本的出版、再版或报纸的印刷进行传播。除此之外,书本和印刷在纸张上的文字还全权承担着传播人类知识和宝贵经验的任务,是几百年来最重要的知识传播媒介——在中学和大学里出现,承载着科学研究成果,为公司和企业服务。整个社会秩序可以说都是用印刷文字的形式展现出来的,比如管理制度、法律条例、新闻报道和文学作品。环绕在文化设施和机构周围的,是各种利益和协会组织、教育和课程、资金和政治项目。在某些社会领域中,数字化带来的影响不容忽视,从业者们必须认真考虑下列问题:未来的报纸会变成什么样子?传统的收藏纸质图书的图书馆将会面临何种挑战?网络在高等教育的课堂中会发挥什么作用?出版社应该如何改变营销模式以适应新市场的需求?而教育行业的数字化改革才刚刚开始。

阅读和书写是传统的教育技术。当新的教育技术出现后,阅读和书写的内涵也发生了改变。信息时代的阅读和书写的方式已经非常多样化了,比如多媒体的运用,使得阅读不再是传统意义上的阅读,书写也不再是传统意义上的写作。这种改变不仅是外在的、依赖于技术革新的改变,也是内在的改变。我们的大脑逐渐适应了数字化的阅读和书写方式。在信息化时代背景下,同样的文字信息被我们的大脑以全新的认知方式进行加工和存储。人类的思维被计算机和数字化文字重塑，就像印刷机器刚发明时人类的思维被印刷出版的书本所重塑一样。

在接下来的章节中，我会逐步向读者展示信息时代与人类思维方式之间的关系。我们首先会了解传统的书写教育技术，帮助大家进一步理解何为书写文化。接下来我会带领读者们了解一下信息技术给阅读和书写以及其他众多领域所带来的变化。除此之外，我还会预测一下信息技术将会以何种方式对阅读和书写方式的变化产生影响。当然，说清楚这些问题的前提是必须要以革新的眼光看待教育技术，只有这样，才能解释这些看起来非常偶然的变化和发展。书写的数字化革命不仅带来了经济、政治和社会的全面变革，而且还完全改变了传统的书写方式。传统书写方式的终结并不意味着书写本身的终结，而是开启了一个用数码产品、互联网相互连接起来的计算机、多媒体和社交网络方式实现书写的新时代。人类不再是书写的唯一主体——数字化的发展趋势已经势不可挡，一个全新的、不同于传统书写观念的新时代即将到来。恩格尔巴特的梦已经变成了现实，并且开始逐渐延伸到各个领域中去。

2 文化技术
——阅读和书写

假设你有一天早晨醒来,突然失去了阅读和书写的能力,甚至连把单个的字母组合成一个完整的单词都无法做到,报纸、书本上的词汇对于你来说只是没有任何意义的图形而已。这简直太可怕了!一夜之间,你就变得生活几近不能自理。尽管你还能自己做早餐,还能接起嗡嗡响的手机,可是一旦手机出现了一条短信,你就会手足无措,惊慌不已,因为你压根不知道短信是谁给你发的,对方想要干什么。你既不会回短信,又不会写信。如果你的朋友总给你发短信或写信却没有收到过你的回信,那么对方就会认为你要不然就是没有收到短信或信件,要不然就是故意不回。不认识字的你想搭地铁上班,但却不知道该走哪一条线路。上班之后也发现工作都不会干了——所有的工作任务都和文字、阅读以及书写有关。晚上你想去电影院看场电影,却发现根本没办法像以前一样在网络上预定电影票。沮丧的你想要去饭店用食物安慰一下自己,却发现菜单上的菜名也一个都不认识。这时候你就会发现,我们的生活离不开文字,一旦失去了解读和理解文字的能力,就会立刻陷入社交障碍的危机之中——工作、生活、融入信息化社会与满足日常需求,都会出现问题。

现实生活中确实有饱受不识字痛苦的人。中风病患者会失去阅读和书写的能力,通常还伴有半身瘫痪和语言能力受损,也就是所谓的"失语症"[1]。阅读能力和书写能力的丧失不仅会令患者感受到强烈的孤立感,还会影响他们的社交能力,损害他们的政治知情权。文字是打开文化大门的金钥匙。正因为如此,阅读和书写也被称作文化技术,本章节中讨论的就是阅读、书写与文化之间的关系及其特点。

---

[1] 比歇尔、珀克(Büchel&Poeck,2006)

2.1 文化技术

阅读与书写这两种文化技术上千年来一直影响着人类文明。文化技术是人类的发明，是能够被习得并且代代相传的。对"文化"这一概念的不同理解决定着文化技术的多样化——从火的搜集到石器时代用火石打火，再到耕田种地和牧牛放羊、手工业繁荣和技术进步，最后到阅读、书写、计算和绘画。"文化"这个概念一开始就有着极为具体的意义："cultura agri（文化产业）"在古罗马文化中指的是农耕文明，"cultura horti（园艺文化）"指的是园地管理。[1]拉丁文中的"colere（文化）"最开始指的是在屋子周围种植、培育植物，随后又演变为培养一个人的兴趣和精神（加入了"练习"和"学习"的意思），最终才演变成为"神之眷顾"的意思。所有需要照料的东西都需要人们付出精力，否则就会变得荒芜衰颓或对人类有害。人类应推行顺其自然的文化——并且应该一直延续下去。文字将人类的知识和经验记录并保存了下来。阅读和书写这两种文化技术将人类发展历史中的重要节点都记录了下来。总之，文化技术的作用就在

---

[1] 克莱梅&布雷德卡普（Krämer&Bredekamp，2003b）

于保存人类文明的伟大成果。[1]

　　农业不仅是人类对抗自然的一种活动,而且还为我们生产出了能够制作面包的粮食。书写对于文化产业的作用也是如此:书写创造文章,阅读又将这些文章中的含义传递给其他人。就像人类通过培育和改良品种在土地上耕作、种植蔬菜水果以使它们成为现在的样子一样,书写也为文化产业带来了"副产品"。如果没有书写,康德的著作《纯粹理性批判》怎么会流传于世?我们真的难以想象,这样一部上百页的哲学类的鸿篇巨著只通过人们之间的口口相传流传万世。[2]一部作品以书面形式呈现在世人面前,后人就可以通过阅读顺利地解读作者的思想。早期的农耕技术、后来的手工业技术,以及与我们的日常生活紧密相关的科学技术,都是通过这样的形式一代又一代地传承下来的,文化产业中的精神财富和思维方式的传

---

[1] 克莱梅&布雷德卡普（Krämer&Bredekamp, 2003a:18）将文化技术定义如下:(1)文化技术是一种处理符号的方法。(2)文化技术是建立在将内化知识与外化知识分离开来的基础上的。(3)文化技术能够在动态的日常生活中发挥作用,是一种经验性的能力。(4)是科学革新及新型理论学科研究的物质工程基础。(5)文化技术的发展带来了媒体的变革,媒体处理文字、图片和数字的方式都发生了变化。(6)为我们研究感知、交流和认知打开了新渠道。(7)学科界限逐渐模糊,跨学科研究趋势显现。更多关于文化技术的文献请你参看萨内蒂（Zanetti, 2012）。

[2] 沃尔特·翁（Walter Ong）在他的著作《口头文化和写字文化》中研究了这个问题。他的结论是,口口相传的文学作品,如《伊利亚特》和《奥德赛》,其结构、语言和内容上都很有特点,这就是这些鸿篇巨著之所以能够世代流传下来的原因。

播也是如此。

　　文化产业的这一特点源自文字创作的内在特征。文字创作并不是将口头的语言原封不动地记录下来，而是一套具备一定组织规律的符号系统。从各种书面符号系统中我们可以看到，并不是所有的符号系统都是语言的重现，比如数学符号系统，它的目的就是用最简单的数字符号解决尽可能多的运算问题。几乎每个学过基础数学的人都能毫无困难地心算两位数的加减——两位数加减法的书面运算方法我们在小学就已经学过了。

　　文字系统也有自己的规律，这种规律独成体系，与口头语言的组织规律也大为不同。比如书面文字中字与字之间的空格在口语中根本就体现不出来，因为口语中连贯的语音听起来并没有任何停顿。字与字之间的空格以及德文中的大小写是为了方便阅读，并不是口语的必要组成部分。这样说来，书写在纸张上、位于两个空格之间的文字就不能算作是"单词"这个概念的全部含义了？[1]字母也不仅仅是口语语音的书面记录。德语的文字系统既是书面文字的集合，方便阅读，又十分符合口语中的口音表达。但有时候同样一个语音发音，却会书写出两个完全不同的单词，比如"Feld"

---

[1] 库尔马斯（Coulmas，2003:220-221）

和"fällt"这两个单词，它们的发音一致，但书面形式却完全不同。"Feld"词尾的字母"d"与"fällt"词尾的字母"t"发音相同，元音"e"与"ä"发音也相同。其中的一个单词中只有一个辅音"l"，而另一个单词中则是双辅音L。为什么会出现这样的差别？"fällt"的原形是动词"fallen"，而"Feld"则是一个名词，它的最后一个字母是该名词的组成部分，但"fällt"的最后一个字母"t"却是人称词尾。通过文字我们就完全能明白对方用的是哪一个单词，而不必去听单词的发音。口语中，我们需要注意联系上下文，才能知道说话者说的是哪一个单词。词的结构（词法学）和语音系统（音位学）这两个方面，我们称之为德语正字法中的"词法－语音"规则。

通过这个例子，我们可以看出对文字系统产生影响的因素有很多，想要了解阅读和书写是在何种条件下实现的，我们就必须对所有的因素了如指掌。首先，我们要了解的是文字符号系统以及词法－语音系统的基本规律。第二，我们还不能忽略了研究阅读和书写的载体，因为载体媒介会影响文字的外观、输入方式以及读者阅读时的感受。第三，人的认知能力——包括感知能力和学习能力——都会影响我们阅读和书写的方式和方法。第四，我们还应当关注书写和阅读文字的对象，了解他们是用什么方法进行书写和阅读的，也就是谁在阅读和书写，他们是如何读写的？这个问题非常重要，找出了它的答案，我们就会明白文字是如何影响一个社会的文化发展的。接下来的四个章节中，我们将会分别就这四个因素进行详细的讨论。

2.2 文字符号系统

人类的文化史中，文字符号系统并不单一，多套文字系统并行发展、互相独立、互不干扰——美索不达米亚的楔形文字、5000年前就已经出现的古埃及象形文字、拥有4000年历史的中国文字以及有3000年历史的中美洲玛雅文字。[1]这些文字的起源各不相同，之后的发展历程也各有差异，但它们有一个共同点：它们都不属于现代意义上的字母文字，因而都不能展示出其读音。这些文字刚开始的造字规则都是图形结合意义（表形文字），后来逐渐演变出了抽象的含义（表意文字）。经过长期演变，又形成了固定的字位（语素），最典

---

1 科瑞布尼克、尼森（Krebernik&Nissen，1994），穆勒·尤克塔（Müller-Yokota，1994）和哈曼（Haarmann，1990）。许多科学家都公认，温查文明的文字是最古老的文字（Haarmann，1994）。但这一结论也很有争议，因为温查文明的文字尚未完全被破译。关于文化的文字历史的相关资料请参照格纳纳德西肯（Gnanadesikan，2009）。

型的例子就是中文。[1]使用字母文字的西方人也经常在生活中用到这类文字符号。比如微笑"☺"就是一个表形符号，它刻画了一张微笑的脸。两个五线谱上的八分音符连在一起，"♫"就能表示音乐，这个符号是表意文字。看到数字"8"，我们不仅会想起它的含义，而且还会自动联想到它的读音"/a/-/ch/-/t/"[2]。这一语音可以组成许多新词："8ung"是一个，"ver8en"或者"Gute N8"（"Achtung"，"verachten"和"Gute Nacht"）。但"☺"和"♫"这两个符号却没有这样的功能——没有人知道"☺d"或者"♫alisch"是什么意思（也就是"lächelnd"和"musikalisch"）。因此我们可以说，与"8"不同，上述这两个符号只具备一定的含义，却没有固定的读音，没有形成固定的语流。

　　语素是音节文字和字母文字的重要构成单位。从上一段举的例子中我们可以看到，符号"8"代替音节"acht"被使用在单词中时，已经不再具备原本的含义（也就是数字8的含义）。由此可见，所有以语素作为基本单位的文字系统都趋向于用现有的文字书面符号书写出更多的单词，尤其是在引进外来词与组建复合词时，这个原则

---

[1] 文字系统的历史和理论请参看库尔马斯（Coulmas，2003）和杜塞德（Dürscheid，2006）。
[2] 这个单词实际包含了4个音素，还有一个音素是位于元音a之前的喉擦音，这个音位在德语中没有对应的字母可以表示。

就体现得更为明显了。不同文化圈之间的互相碰撞能够极大地丰富文字的内容——比如出现的新地名和人名等专有名词。不同语言之间的音节转换不能做到完全相同，因为不同语言的音节组成规律各不相同。古埃及的文字中就有类似的音节游戏：要识别某些符号的意思，只能将符号里包含的所有单词的第一个发音连起来。我们假设"8"这一语素的发音并不是"acht"，而是元音"a"。再选择几个数字充当固定的几个字母，使其尽量覆盖一种语言的所有发音，这样一来，我们就创造了一种新的字母表。比如，你知道"898986"代表什么意思吗？这里的"6"代表"s"，"8"代表"a"，9代表"n"，因此这一串数字就代表单词"Ananas"。

  字母文字出现在语素文字之后，这也是西方国家的文字研究工作者将很多的精力都花费在研究古代文字上的原因。[1] 使用字母文字，我们可以用尽量少的符号组合出尽可能多的语流，这些语流既容易识别，也能够很好地记录文字的发音。认为字母文字优于语素文字的学者们认为：首先，字母文字中，"文字"和"字母"被画上了等号，而像汉语这种语素文字则被认为过于复杂，没有必要；其次，语素文字中，"文字"是单独成为一个系统的，不具备记录读音

---

[1] 哈弗罗克（Havelock, 1990），严（Yan, 2002）和克莱梅（Krämer, 2005）

的作用。但这两种论据却并不全面客观。比如，中国文字的好处就在于，所有使用不同方言的中国人都可以用统一规格的书面文字进行交流，而不会产生任何误解，这是因为中文的文字和读音是脱离的。正因为如此，几千年历史的中国文字传承至今，即使不同地域的人们因为方言发音的巨大差距无法明白对方在说什么，也能够共同使用统一的中国文字进行交流。尽管中国文字和日本文字不完全相同，它们读音之间的差距就和德文与阿拉伯文之间的读音差距一样，但日本人也能够很好地读懂中国的报纸，这是因为，日本的书面文字就是从中国文字中借鉴过去的，也遵循了文字符号与读音不挂钩的原则。

为什么语素文字在阅读和写作方面的表现能力比较差，这个问题我们将在下文中具体讨论。长期以来，语言学家都不怎么重视书面文字的研究。这种态度造成了许多遗留问题得不到解决的局面，比如，为什么德语正字法没有做到令书面文字与语音完全匹配，为什么说出来的句子和写出来的句子结构上如此不同，为什么书面文章中总是包含有一些口语中没有的元素。因此，重视书面文字系统的研究已然迫在眉睫，必须将之从口语符号系统的研究中分离出来。

一方面，书面文字与口语密切相关，另一方面，两者又各有特点。最明显的区别就体现在定义上：[1] 书面文字是由一系列能够被清晰辨识的单位组成的，这些单位通常与口语没有任何联系。书面文字与口语的功能不同：书面文字要求能够跨越时空流传万世，但口语的作用——通常不需要任何辅助措施——就只体现在当下。

从实用角度来讲，书面文字和口语还有一处非常有趣的区别。一组口语语流一定会对应一定的情景。比如这一句"Hey du Spinner was willstn？（嘿，你这个疯子，到底想要什么？）"就会经常出现在口语日常对话中，而"Der Antrag auf Akteneinsicht beim zustaendigen Amtsgericht muss unverzüglich gestellt werden（辖区所在法院必须立即提交查询文件申请书）"则经常出现在法庭宣判中。皮特·科赫（Peter Koch）与沃尔夫·恩斯特埃西尔（Wulf Oesterreicher）认为"书面文字"与"口语"还应该与如下两个因素结合起来考虑：媒介与内容。[2] 媒介指的是文字传播时借助的不同介质，比如报纸或者口头。内容则是指所传播的文字本身具备的是口语还是书面文字的特点。比如法律文本是用书面这一媒介形式记录的，同时其内容具备书面文字的特点，因为法律文字并没有考虑到通过口语传播时是否简单易懂的问题：法律文字往往又长又繁复，包含了许多名词短语且语句中并没有明确的主语。综上所述，

---

1 杜塞德（Dürscheid，2006:38-41）
2 科赫、恩斯特埃西尔（Koch&Oesterreicher，1994）

法律文字是适合阅读的书面文字，这就是这种文字的语言特点。

　　媒介和内容不一定要同时具备相同的特点。这是最有意思的一点。传教士布道宣讲是以口语传播作为媒介的，但内容却极具书面文字的特点。短信交流则完全相反：媒介是书面的，内容则是口语化的。因此，传教士布道前并不需要进行详尽的书面文字准备，因为信徒们都是用听而不是读的方式来获取信息的。原因很简单：和熟人聊天的时候，我们的措辞和句式比站在公共场合讲话时要简单随意得多。学习何种场合讲何种话，这是我们在学校学习了数年的技能，但现代科技媒介（电话、收音机、电视机）以及数码产品（电脑和网络）的迅速发展打破了我们对于距离和亲疏的原始认知，导致了网络交流的重重障碍。网络交流中，书面交流需要注意的那些点都被忽略了，原本明确的交流规则被打破。Face book 的留言内容到底应该采用口语还是书面语呢？

2.3 文字的载体

　　文字是视觉化的符号。[1]因此为了顺利地将文字进行传播，就需要一定的媒介。历史上文字的传播工具很多：骨头、石头、木头、

---

[1] 克莱梅（Krämer，2005:52），库尔马斯（Coulmas，2003）

蜡、金属、莎草纸、羊皮纸、纸张[1]——几乎所有具备一定硬度的东西上都可以书写文字。所有用于书写文字的媒介，其外观和特性都会对书写和文字产生一定的影响。要用金属作为媒介，就必须学会雕刻技法和使用雕刻刀。在纸上书写就要学会使用羽毛笔、毛笔或钢笔——这三种笔写出来的文字外形上各不相同。中国文字特殊的外形是书写工具毛笔造成的：水平和垂直的线条比圆润的线条更加清晰。中国印章上的文字是雕刻而成的，因此在线条的走向与圆润程度上与毛笔所书写的文字又有所不同。现如今通用的打印版拉丁文的样子来源于古罗马方块大字，这种字体是古罗马人篆刻在立柱或建筑立面上的文字样式。[2]笔直的线条和华丽的构造非常适合镌刻在石料上，方便从远处观瞻辨认。

　　文字几乎可以算作是最古老的媒介了。书写在某物体上，再通过搬运等手段将文字传播下去。拉丁文中的"medium"一词是"中间"或者"在中间放置"的意思。通过邮局寄送出去的信件就是"medium"，它是联通两个人之间的媒介。这里就出现了一个每个媒介系统都必须要解决的问题：书面文字这种媒介是如何产生的？它是如何被复制的？它是通过书写被复制的。通过这种媒介传播出去的

1　马扎（Mazal，1994）
2　哈曼（Haarmann，1990:471-476），布瑞科勒（Brekle，1994）

信息是如何被接收的？是通过阅读被接收的。文字这种媒介是如何传播和分享资讯的？通过自然手段进行传播（比如船只和邮局），花费有多少？古时候文字传播的费用非常高昂，因为所有的文字都是手写的，书写需要的时间很长，并且书写材料的造价也十分昂贵。

中世纪的手稿上百页的内容都是手写的，密密麻麻的文字中还夹杂着精致的插画。与现代社会中手写文字被大家看作是一种个人兴趣不同的是，中世纪的手写书稿都是用来宣传基督教，用于教化民众和信徒的。[1]因此，书写出来的文字必须达到能为大部分人所清楚辨识的标准。早在中世纪之前，手写字体的发展就已经很成熟了，完全能够满足清晰可辨这一基本需求。[2]公元7世纪前，人们阅读的时候还需要自行断词断句。公元7世纪后，书写时在每两个词中间都留出了空格。这样一来，每个单独由空格隔开的单词就变成了一个具有独立意义的单位，从而简化了读者的阅读过程。到了公元12世纪，这种书写形式上的变化基本完成了，人们开始将古时候的大声朗读逐渐转变为默读。古时候的阅读几乎等同于大声朗读。[3]

---

1 斯坦（Stein，2006），第6章和第7章。
2 谢夫勒（Scheffler，1994）
3 斯坦（Stein，2006:56）

古代欧洲文字的书写方式是水平从左到右，但这并不是所有人类共通的书写方式。在某些文化圈里，日本文字的书写方式就是垂直从上到下、从右到左的。古典时代晚期发明的卷轴书上的文字又是按照卷轴的展开顺序水平延展的，就像今天我们在犹太教堂的藏经柜中看到的那种经文卷轴一样。除了从左到右和从右到左两种书写方向之外，古希腊文字还为我们提供了第三种选择：隔行错向书写——先从左到右，下一行再从右到左，然后再从左到右。每两行中方向相反的不仅是整个单词的方向，而且还有每个字母的方向，甚至呈现出来镜像颠倒的样子。[1]这种书写方法也称为"牛耕式转行书写法"（拉丁文boustrophedon，"bous"代表的是"牛"，"strophe"代表"转折"，表示牛耕地时一行过去一行回来的耕地方式），这种书写方法尽管方便了书写者，但却会增加阅读者通过词形辨识词义的困难程度。因此，这种书写方法并没有流传于后世。

文字样式的多元化特点总会带来新的挑战。[2]比如书写方式的优化、字母顺序在同一行内的安排、空格的安排，所有的这些都会影响文本的易读性。同时，口语中的信息也会以不同的文字形

---

1 哈瑞斯（Harris, 1994），第四段，哈曼（Haarmann, 1990）
2 哈瑞斯（Harris, 2005:66），克莱梅（Krämer, 2005:52）

式记录下来。这种不同的文字样式表达的意义各不相同。用尖角体(𝔇𝔢𝔲𝔱𝔰𝔠𝔥𝔩𝔞𝔫𝔡)书写的、用未来体书写的(Deutschland)或者是艺术体书写的(DEUTSCHLaNd)"Deutschland"都会出现在德国联邦议会选举的政治宣传画中，而每一种样式都是有其独特深意的。

每一篇文本的结构都包含了多种元素。自然段是文本的几何单位，每个自然段的意义独成一体。标题通常在排版上不会超过两行，它的作用是承起段落。小标题、插图、脚注和尾注、提示词和参考文献——这些都是用来将口语中的特点转化成书面文字效果的方法。文本是印刷在纸张上的，读者看到的样子是固定不变的，因而文本并不具备口语丰富的表达空间。因此，为了表达书写者的情绪，文本的样式设计就显得格外重要了。你只需想一想，平时阅读的杂志在版面设计上下的功夫即是如此！色彩、平面设计、模块、专栏还有符号，这些都是用来增加文本信息和美学活力的元素。[1]综上所述，文本表达的不仅是其文字内容，而且还有蕴藏在其中非文字的内涵。

日报上的文本版面设计是变化最快的了。施特拉斯堡的《通告报》和沃尔芬比特尔的《艾维苏事务报》出现于1609年，是现代意

---

1 斯瑞福（Schriver，1997）

义上的最早出现的报纸[1]。刚开始,报纸上刊登的全都是文字,就像出版社里的书一样,版面规整。渐渐地,开始有一些重点词汇被单独挑出来放大作为标题。到了19世纪,报纸上的文字就被分为了两栏,之后又被分为了三栏乃至更多栏。这个时候,报纸中的文章排版还是连贯的。到了20世纪,报纸上开始出现我们熟悉的插图。报纸上的文章也开始根据重要程度和篇幅长度安排为单栏或者多栏。文章的排版顺序不再单一,而是按照内容和重要性进行模块化划分。

报纸上的文章经历了如此长时间的演化,这一点无疑很是令人吃惊。当然,除了报纸文章之外,教科书、语法书或者烹饪书上的文本也是值得研究的。语言学家把这些不同的文本类型称作"篇章类型"。"报纸文字"这种篇章类型在内容、语言和外形上的特点我们都很容易识别,因为作为读者,我们每天都在接触报纸。我们很清楚地知道我们的期待是什么,我们知道什么样的标题或者"标记"下面的文章大概会提供一些什么样的信息,从而决定要不要继续阅读下去。除此之外,我们还会期待报纸每天都能换一种版面,推陈

---

[1] 布舍尔(Püschel,1999),往期报纸的电子版可以在柏林的Zefys图书馆官方网站(http://zefys.staatsbibliothek-berlin.de/)上找到。

出新。每篇文章本身就属于某一种篇章类型，而这种篇章类型又是隶属于报纸这种篇章类型的，因为它符合一定的特点——语言上的、风格上的乃至于结构上的。了解了不同篇章类型的特点，我们就能够更加容易地抓住篇章的中心思想，更快地理解作者的意图。通过了解篇章类型，读者节省了探索具体文本的时间，因为他从一开始就知道在阅读这种篇章时什么地方是重点，什么地方不是。了解并熟练运用篇章类型对于作者来说也很重要，它可以帮助作者在创作的过程中把握主脉，保证文章的整体方向。在整个人生中，我们都在不断地认识新篇章，学习新的篇章类型的特点。孩子们从小学开始就已经在学习阅读和写作的过程中获取了一定的篇章类型知识，并将它们运用到了写作文或者课堂笔记的过程中了。

篇章类型是如何引导阅读和写作的？这个问题语言学家从上世纪90年代初就开始研究了[1]。现如今，许多报纸出版商试图将印刷出来的文字转至网络上进行宣传，因此就要对报纸进行重新排版。这样一来，就产生了一种新的篇章类型，这就是网络篇章。网络篇章与报纸上印刷出来的文章一样：最重要的信息放在中间，周围设计上

---

[1] 雷姆（Rehm，2006），相关内容请参看"Wayback-Maschine"的网址http://archive.org/web/web.php。

一些特殊标识和箭头,页面右边是服务平台,手指上滑就会出现新的信息,页面最下端安排的是广告。这一设计理念同样适用于网店、搜索引擎、局域网等。对视觉效果和功能的追求促进了篇章类型的发展,我们所掌握的篇章类型知识可以帮助我们进行阅读和写作。

2.4 脑海中的文字

无论语言系统如何复杂多样,有一点始终是相同的:阅读始终是一个人通过眼睛感知信息,再经过大脑加工信息的过程。美国神经学家麦雅尼·沃尔夫(Maryanne Wolf)在其著作《阅读的大脑》中揭示了人类大脑完成阅读的过程。沃尔夫认为,我们并不是天生就会阅读,阅读是一项需要调动大脑才能完成的复杂活动[1]。回顾文字发展的历史,我们会看到,尽管每个人都具备口语表达的能力,但并不是每个人都具备阅读和写作的能力。没有人天生就是语言天才,人类祖祖辈辈都是通过繁复的语言训练掌握书面文字的。服务于口头表达的语言系统和服务于阅读的语言系统既相互区别,又相互联系——这

---

1 沃尔夫(Wolf,2009:3),本书第一版于2007年出版,当时的名称是《 Proust and the Squid. The Story and Science of the Reading Brain 》。

其实是一个非常不自然的过程。阅读研究学者斯坦尼斯拉斯·蒂哈娜（Stanislas Dehäne）将人定义为"能够阅读的灵长类动物"，按照这个定义，人类从产生之始，就已经将阅读作为了进化的目标之一，并将这个目标延续了上千年。人类逐步塑造着文字——从文字符号的外观开始，并且可以完全理解石器时代文字所表达的意思。[1]

阅读以语言为前提。[2]在每一个语言符号的层面上，比如发音、音素、单词和句子等，每个人在学习过程中都会形成自己的理解。语言教育深化和加速了这种理解：儿歌、带节奏感的歌曲、拍手和标注重音，这些都会在儿童的大脑中建立起对语言的感知。即使是幼儿园的小孩子，听过的单词也有上百万个，这些语音信息会不断刺激他们的语言中枢，在脑海中形成印象。一个经常听父母亲朗读故事的五岁幼儿园中班学生，比不经常听别人朗读的同龄孩子要多接触到3000万个单词。[3]这些听到的单词和动物、东西、感觉、经验、故事连接起来，就形成了"意义"。所有的这些都是学习阅读的前提条件之一。

---

[1] 蒂哈娜（Dehaene，2010）
[2] 关于阅读心理学及阅读习得方面的知识请你查看史密斯（Smith，1994）及史诺林、胡尔姆（Snowling&Hulme，2007）。
[3] 沃尔夫（Wolf，2009:23）

第二条前提是视觉,也就是通过眼睛去看。阅读文章的时候,我们的眼睛并不是一个字一个字地输入信息,而是跳跃式地前进,这就是眼动。[1]我们的眼睛一次大约能看8个字母,其中包括空格,每个空格大约花费四分之一秒的时间。人类采取这种阅读方式的原因在于,视网膜上只有一小部分可以准确感知外界刺激——这一小部分就被大脑自动分配用来感知空格,视网膜一次能够感知一个空格及其周围的四五个符号。这种跳跃式的眼动削弱了两个感知单位之间内容的清晰度;大脑会根据已存储的固有知识对其进行自动补充。从这个意义上讲,阅读也是一个主观的感知过程。心理学研究表明,通过准确地观察感知单位和眼球固定的时间,科学家们就可以推断出阅读者对所阅读的内容是否理解。不同的语言和内容会影响感知单位和眼球固定时间的长短,这为我们在认知领域研究阅读过程提供了帮助。

即使是泛读,我们的眼睛也并不是先识别单个字母,再将其连成单词识别意义的。单词,这个凡是阅读过的人都很熟悉的概念,是被当作整体单位进行识别的,有时候甚至是被我们的眼睛当作图片识别的。[2]例如,识别中文时,我们的眼睛看到的就是一幅幅图

---

1 因霍夫、莱尼尔(Inhoff&Rayner,1996)
2 卜拉西克、莱什(Pollatsek&Lesch,1996)

画,而不是一个个单词:无论是单词还是汉字,都是带有发音和意义的语言符号单位。只有当阅读者发现以单词为单位无法进行识别的时候,才会自动切换到另外一种模式,即将单词拆分成单个的字母进行识别。正是因为我们的大脑和眼睛具备这种通过识别单个字母来识别单词含义的能力,正字法改革才显得如此重要:尽管有些人认为正字法会破坏传统的语言系统,但仍有支持者认为,让大脑适应新的单词"外形"是很有必要的。

阅读过程其实与追踪动物脚印的过程相差无几:动物留下的脚印就是它活动的痕迹,文章中的单词也是按照顺序依次出现的。人类识别动物脚印的历史可以追溯到远古时代,这其实就是最早的阅读。阅读不仅仅是解码一串线性排列的符号——上一段中我们已经了解到,图形也可以达意。它们虽然不像语言一样具备固定的含义,但在上下文中也能够帮助读者理解文章的含义。对于我们的祖先来说,一幅风景画就可以算作是表意的图形了。远古人类眼中的风景画并不是用来欣赏的,而是需要从中"读"出有利于生存的信息的:哪里有水源?哪里可以安家?哪里可能不会发洪水?哪里有安全的庇护场所?哪里有危险的食肉动物活动?哪里可以找到食物?

也许这种原始的能力就是人类用"读懂整篇文章"来代替"关注

语言本身"这个技能的基础和来源。或许这也是我们总将一篇文章当作一个整体进行解读的原因，就像我们看一幅风景画一样。读者如何才能抓住文章的主题？哪部分比较重要，哪部分不重要？最感兴趣的是哪部分，应该按照什么顺序进行阅读？阅读心理学家们在研究"口语、线性阅读过程"中有了许多新发现，但在非语言阅读领域却仍然一无所获。跳视没有固定方向和距离，阅读者在阅读过程中必须数次决定阅读顺序和需要关注的部分——因此，阅读的方式有很多可能性。跳视线性阅读其实就是阅读者在阅读过程中，眼睛随机地按照某个方向读取某段长度的文字的过程。

研究跳视现象的方法是追踪眼动。实验者可以通过让被试阅读报纸来追踪他们的眼动轨迹，看一看哪些部分最容易吸引阅读者的注意力，让报纸出版商看看自己的报纸设计是如何"起作用"的。比起心理学家，这类研究更能引发媒体研究学者们的兴趣。汉斯·约格·布赫（Hans-Jürgen Bucher）和他在特里尔大学的科研团队的研究课题就是报纸阅读的眼动。[1]他和他的团队研究发现，那些不同于文字的部分，比如照片或者框线更容易吸引读者的注意力，当然，这也与它们

---

[1] 布赫、舒马赫（Bucher&Schumacher, 2007），布赫（Bucher, 2007），布赫（Bucher）、舒马赫·皮特（Schumacher Peter, 2011）部分内容。其余的研究方法请参看斯瑞福（Schriver, 1997:151-207）。

在报纸上的位置有关。布赫还发现，读者在浏览报纸时的眼动路线完全没有规律，眼动路线受很多因素的影响：每个人固有的知识结构、兴趣、年龄、性别或阅读报纸的经验，等等。研究者们完全不能预估某一位特定的读者会以何种顺序来阅读某一张报纸。[1] 将所有被试的数据进行叠加，研究者们可以挑出这张报纸中最吸引人的部分。所有的这些都表明，阅读者在阅读一张报纸的时候，需要完成的步骤十分复杂，需要做出的决定也非常多，比如：我先看报纸中的哪一部分？接着看哪一部分？这两部分之间有什么关联？[2] 阅读报纸的过程是读者和媒介交流的过程——阅读者要解决一些特定的问题，报纸通过自己的版面结构来引导读者安排阅读顺序。

接下来，我们来聊一聊写作的时候我们的大脑是如何工作的。心理学领域中针对阅读行为的研究大大多于对写作过程的研究，这是因为，阅读是一个简单、相对独立的认知行为，但写作的内涵却不仅仅是将单词或句子挪到纸上或是敲到电脑里，写作者必须规划好内容、选择合适的文章类型、规划好文章结构、打草稿、编辑、修改——这可不是能一气呵成的，而是需要反复推敲，甚至不断推

---

[1] 布赫、舒马赫（Bucher&Schumacher，2007:528）
[2] 布赫（Bucher，2007:61-62）

倒重来的。因此，写作研究中很重要的一部分任务就是将这些步骤用模块化的方式连接起来。[1]而其中最困难的就是理解写作内容。尽管我们每个人都能明确地看到认知系统和认知过程在阅读过程中所起的作用，但却几乎不可能予以科学的证明。比如，我们写作时可以尝试着依靠自己的常识来选择该用什么词汇，并随时自查，看看自己所选择的语言是否能够准确地表达想要表达的思想内容。

还有一个问题需要我们回答：写作可以多大程度上实现自动化。[2]一方面，我们在学校学习到的写作原则都是注重内容多于注重形式。另一方面，一位熟练的写作者总是能够在很短的时间内决定自己选择哪一个单词，使用哪一个句型或运用哪一种文章结构，遵循哪一种规则（比如正字法和标点符号的使用规则）。在写作过程的研究中，科学家们必须着重研究那些具有研究潜力和前景的部分，比如法律文章的写作研究[3]、篇章的真实性、作家的定义、文章产生条件、伪造的证书、剽窃作品、勒索信、希特勒的日记等。[4]

我们可以研究的第三个领域，也是最重要的一个领域，就是阅读

---

1 莫利图尔·吕博特（Molitor-Luebbert，1996），贝克·莫扎克、辛德勒（Becker-Mrotzek &Schindler，2007）
2 库尔马斯（Coulmas，2003:217-221）
3 托马森（Thomassen，1996）
4 米歇尔（Michel，1996）

能力和写作能力的习得。小学老师在教学生学习阅读和写作技能时，总会提前了解一下孩子们现有的阅读和写作水平。这些都会（都必须）被老师们记录在教案里。在书面语习得的过程中，阅读和写作往往是紧密相连、不可区分的。俗话说"学会了写就学会了读"。[1] 书面语习得的过程分为许多阶段，这些阶段孩子们都会逐一经历。[2] 其中最重要的就是克劳斯·君特（Klaus B. Guenther）在书面语言习得模式中提到的五个阶段：第一个阶段是准备阶段，这一阶段中，孩子们眼中看到的文字无异于一幅图和一堆无意义的符号。接下来的三个阶段中，孩子们将会从完全不明白词汇的含义，逐渐过渡到能够明白部分词汇的含义。第五个阶段，经过反复地训练，孩子们终于学会了基本的阅读和写作。[3] 这就是每个能够熟练阅读和写作的人都要经历的阶段。

很长时间以来，科学家们都在致力于解答"小孩子是如何习得阅读和写作技能的"这个问题。现如今，科学家们将写作习得的过程看作是能力习得的过程，这种能力习得可分为几个阶段。[4] 最新的研究方向主要围绕着"除了基本的写作技能外，学习者是如何获得构思篇章的能力的？"这个问题展开。尽管中学的作文课教给了我们许多写

---

[1] 赖辛（Reichen, 1988）
[2] 杜塞德（Dürscheid, 2006:239-246），席勒尔·纽曼（Scheerer-Neumann, 1996）
[3] 君特（Günther, 1986）的"5段模型"
[4] 海耶斯、弗拉沃斯（Hayes&Flowers, 1980），路德维希（Ludwig, 1983）

作技巧，但这种从写单词、造句子到构建篇章的过程仍旧具备很高的科研价值，因而成为了语言学重要的研究对象之一。语言学家和方言学家克海尔穆特·凡尔克（Helmuth Feilke）研究发现，书面语习得也是分阶段的。[1]年纪小的学习者通常比较关注第一个阶段，也就是记录真实经历的阶段。12岁之后，就开始进入第二个阶段，处于这个阶段的学习者已经具备了按照一定的逻辑顺序描述事物的能力，比如将脑海中想象的一栋大楼描述出来。到了15岁和16岁，学习者就具备了逻辑思辨能力，能够准确地抓住文章的整体脉络，因而就能写出议论文或长文缩写这类的文章了。第四个阶段中，学习者已经具备虚构一个能与自己进行内心对话的读者的能力了，通过与这位虚构的读者进行交流，学习者就能够按照对方的要求对文章内容和结构作进一步的调整。经历了这些阶段，孩子们就能够掌握基本的篇章类型及其特点——也习得了部分关于组织篇章的能力。关于上述几个习得阶段，书面语言习得的相关研究到现在为止还没有取得突破性进展。

2.5 谁在阅读和写作，阅读和写作的过程是如何展开的？

本章一开始，我就提出了一个问题：如果有朝一日你发现自己既

---

[1] 凡尔克（Feilke，1996）

不能读也不会写了，该怎么办？这并不是危言耸听，现实生活中确实有人不幸因为大脑损伤而丧失了阅读和书写的能力，当然也存在由于教育缺失所致的文盲现象。尽管德国和奥地利从18世纪开始就已经普及了基础教育，[1]但仍然有许多接受了基础教育、学会了阅读和书写的学生走上社会后逐渐遗忘了学校中习得的这两项技能——有的是完全遗忘，有的是部分遗忘。我们把这种文盲称作"功能性"文盲，他们与那些没有机会进入学校接受教育的"天生"文盲有所不同。功能性文盲者的具体数字不得而知，也非常难以调查，这是因为功能性文盲无法利用书面问卷的形式调查出来，即使进行询问，对方也会因为羞于回答而故意遮掩。2011年，汉堡大学牵头完成的一项大规模调查研究结果表明，德国18～64岁的公民中，大约有14%的人属于功能性文盲，其中4%的人甚至不具备通过上下文理解常用单词的能力。[2]

如果我们想讨论文字、阅读和写作能在多大程度上影响这个社会，就必须要提到书面文字。我们生活在一个越来越书面化的社会中，几乎所有人们所熟悉的领域，比如经济、教育、法律，都离不

---

[1] 世界上大部分国家实行的都是世界教科文组织倡导的"自愿接受教育"，而并非"义务教育"，也就是说适龄儿童不必强制入学。
[2] 格罗特鲁森、雷克曼（Grotlüeschen&Riekmann，2011）

开书面材料。与书面化社会相对的概念是口语化社会，这样的社会是以口头交流为维系纽带的。由于没有文字，古代许多高度发达的文明，比如南美洲的印加文明，就不可能为后世所知。但辉煌的古代文明中也不乏以口口相传作为文化传播方式的案例，比如希腊文明，在这样的社会中，文字的功能就是把口头的语言记录下来，或者是为口头演讲打一个书面草稿。[1]古罗马人并不十分看重朗读和写作的能力，有些能写会读的人甚至沦为了奴隶。那个时代，文盲的社会地位与如今他们在这个高度书面化的社会中的地位截然相反。总体上我们可以说，在历史发展的过程中，书面化社会与口语化社会是互相交融的。中世纪早期，只有教堂里的牧师才具备阅读和书写能力，只有教堂才拥有印制书本和添加注释的权力。教堂之内是书面化的，教堂之外又是口语化的。从13世纪开始，贵族学会了书写，随着印刷术的发明，整个社会才开始逐渐向书面化过渡。

随着历史的发展，不断发生变化的不仅仅是文字，还有文字与人之间的关系。人类现如今的阅读和书写方式，其实就是长期发展演化的结果。这样的演化在阅读方式的变化中体现得尤为明显：古代欧洲的阅读多指朗读或演讲，文字只是起到一个辅助作用，帮助听众了解演讲的大致内容是商贸、政治还是法律等。当时的文学作品

---

[1] 路德维希（Ludwig, 1994）

的风格也偏向于口语化，其目的就是方便读者大声朗读，默念这种阅读形式并不为大多数人所熟知。¹ 出现这种现象的原因或许在于，当时的文章字与字之间并没有空格，比如连在一起的《圣经》。

VERSUCHENSIEEINMALEINENSOLCHENSATZDERZUDEMKEINEINTERPUNKTIONBESITZTZULESEN。

这样的文字只有大声朗读出来，才能知道其意思。这种出声的阅读方式逐渐被意义清晰明了、适合默读的阅读方式所替代，² 文章的结构也因阅读方式的变化而逐渐发生了改变。古罗马时期已经出现了最简单的文章结构和标点符号，从中世纪开始，教堂里的牧师已经开始采用默读的方式了。书本逐渐代替了卷轴，大大方便了我们的阅读，除此之外，还出现了页面排版和换行规则等帮助我们理解的诸多变革。单词被左右两边的空格隔离起来，成为了一个个独立的单位，从而方便读者迅速用眼睛辨识出哪几个字母共同构成了一个单词，人们再也不必采取大声朗读的方式识别单词了。这样的好处在于：抄写大段文章的时候，我们再也不用像以前那样"一个读一个写"了——这就大大提高了阅读和书写的效率。³

1　高格（Gauger，1994），库尔马斯（Coulmas，2003:210），关于阅读的文化史请你参看曼古尔（Manguel，1998）。
2　高格（Gauger，1944:67-68）
3　路德维希（Ludwig，1994:58）

从历史的纵向轴上来看，写作的方式也发生了很大的变化。[1]在篇章的目的只在于帮助口语表达的时代，我们并不能将其称为一种独立的交流方式。篇章与口语之间存在的这样的依附关系使得古代文献中的篇章结构与现代的篇章结构大相径庭。直到近现代，口语对话对写作仍旧有着不小的影响。从18世纪起，小学的作文老师们才开始给学生教授规范的写作技能。[2]印刷术发明之后，笔迹再也不是每个人独有的特点了。一位熟练的抄写员可以使用不同的笔迹进行书写。15世纪的手稿中精细均匀的字迹并不输于早期的印刷体。[3]书法的第一要务其实并不是要把字写得多漂亮，而是要注重易读性，能将个人的文字风格淋漓尽致地展现出来即可。[4]

想要判断一个人的阅读和写作水平如何，最简单直接的办法就是研究他的阅读习惯。[5]美因茨的"阅读基金会"花费八年时间对德国人的阅读行为进行了研究，着重研究他们的读书行为。最近一次的研究成果已于2008年公之于众。[6]与1992年和2000年的调查结果不同，

---

1 书写的历史请参照路德维希（Ludwig，2005）。
2 路德维希（Ludwig，1994:61）
3 比如古登堡版的《圣经》手抄本，以及几乎同时代出现的君特·路德维希（1994:XVI-XVII）手写版美因茨节日表。
4 谢夫勒（Scheffler，1994）
5 霍尼希（Hornig，2012）
6 斯蒂夫通·雷森（Stiftung Lesen，2008）

美因茨的科学家们发现，与不断增加的阅读次数相比，阅读的总量却在不断下降——被调查者每天的阅读量都会被记录下来。出现这一现象的原因在于，被调查者将一本书分成了许多部分，每次只阅读其中的一部分。传统的阅读方式正面临着其他媒体的强烈冲击，纸质书和广播等传统媒体正在逐渐消失。"传统的"读书、读报和读杂志方式早已被现代化的电子书阅读所替代，调查问卷里的"你是喜欢阅读纸质书还是电子书"这样的问题已经逐渐失去了意义。

手写文字现在已经逐渐成为了个人喜好。与古代手写文字地位低下不同，现如今的手写文字已然具备了美学含义。19世纪广泛应用的打字机将各式各样的手写字迹统一成了一种样子，作者个人的书写习惯完全不影响打字机打出来的标准字体的模样。打印机实现了恩格尔巴特的梦想，用机器打字代替了手工书写，大大节省了书写时间，提高了文字的易读性和辨识度。熟练的打字员每分钟能够敲击键盘上百下，完成的工作量大大超过手工书写。在复印机发明之前，能够将需要复制的文字迅速转化为铅字的打字机的优势非常明显，大大提高了管理者的管理效率。现如今的电脑打字更是解放了我们的双手，人们只需在电脑键盘上轻轻地敲击，再不用费工费时地手工书写了。

我们已经看到了，阅读和写作方式受诸多因素的影响：历史发展、文字符号的特点、文字符号与语言的关系、传播条件、人类认知水平的发展和社会实践等。所有这些因素结合起来,就塑造了当时的写作方式。一代又一代先贤的不断探索和改进为现代阅读和书写方式的形成打下了基础,刻苦地学习则是掌握阅读和书写方法的前提——这一过程看起来似乎轻而易举,但其实我们都付出了汗水和努力。

数字化时代到来了。

阅读和写作是我们在社会上生存的必备技能,阅读和写作方式的不断变化的实质其实是大量应用的结果。学校的老师教授我们阅读和写作的技能,档案馆里保存着的是纸质的文字信息。出版社、政府部门、法院和大学这些机构每年都在向社会贡献大量的书面文字著作和材料。图书馆和书店里储存着大量的文字信息,以供大家查阅参考。现如今,整个社会使用书面文字的氛围越来越浓厚。如果不重视提高大众阅读和写作的实际操作能力,那么就算修建再多的图书馆和档案馆,储藏再多的文字资料,都无法促进文字文化的继续发展,反而会令它逐渐走向衰亡。

3 文字
文化

纽约时代广场南边向左拐就进了42号街道,顺着这条街道前行300米就到了美丽的布莱恩特公园,公园的后面耸立着一栋高楼,这就是世界上最豪华的图书馆之一——纽约公共图书馆。这座大楼建于1911年,地基建在一片饮用水水池上,花费了足足12年的时间才建造完工,这在当时可算作是一个轰动事件了。[1]尽管整栋大楼是古典建筑风格的,但其中也夹杂着一些古希腊和古罗马、意大利文艺

---

1 关于图书馆大楼的历史、功能和特点请参照罗比尔、鲍赛(Laubier&Bosser,2003:226-235),斯坦福森(Steffensen,2003)以及纽约公共图书馆官方网页(www.nypl.org)。纽约公共图书馆主楼的名字叫"Stephen A. Schwarzman Building"。

复兴时期和法国巴洛克时期的建筑元素。那个年代的几乎所有的建筑都是这种混合风格的,其中也包括同样位于42号街、距离大楼几百米远的大中央火车站,但公共图书馆建筑的外观和内部结构却并没有受到这种风格的影响。

走过第五大道白色的大理石路,穿过罗马凯旋门的入口柱廊,纽约公共图书馆大门的左右两边各蹲坐着一尊大理石狮子,忠诚地守护着这个书的王国。它们还有名字,一个叫"耐心",一个叫"坚韧"。一进主楼就能看见图书馆的白色大理石圆拱大厅——"雅斯特厅",该大厅是以某位捐赠人的名字命名的。沿着脚下宫殿般华丽的台阶拾级而上,就来到了第二层金碧辉煌的前厅:圆形大厅木制的墙壁上挂满了名贵的画作。接着往前走,穿过一扇大门,就来到了索引室。这个房间里(实际上是一间大厅)放着许多台计算机,读者可以在计算机里查询某本书在图书馆中的存放地点,并下订单订阅该书。这些订单会被传送到图书馆的地下处理中心,并于20分钟内将书通过管道传送装置送达读者手中。一旦借出的书超过700万本,图书馆就会关闭图书外借通道,读者们就必须在图书馆内把自己感兴趣的书读完。读者还可以带着借到的书离开索引室,到阅览室里静静地享受读书的乐趣。

外观与教堂极为相似的罗萨主阅览室里摆放着上百张橡木桌椅。

古色古香的铜台灯已经在桌子上闪烁了几百年，房间顶部的12盏吊灯、高大的窗户都让读者仿佛置身于教堂之中。阅览室的周围摆放着各式各样的工具书。阅览室的入口处被读经台分成了左右两部分，读经台——进入阅览室的每位读者都要经过此地——上面摆放着约翰·古登堡的42行《圣经》[1]，这是第一本印刷出来的书。阅览室的第二层和金碧辉煌、装饰着壁画的穹顶之间藏着一个小展厅，在这里，读者可以了解到该图书馆第一任馆长约翰·肖恩·比灵斯（John Shaw Billings）阅读、写作和日常生活的情形。纽约公共图书馆对全世界所有人开放，是一处绝佳的自学场所，也是一所没有教授和课堂的大学，它唯一拥有的就是浩如烟海的书本。纽约公共图书馆不仅可以为读者提供大量的书籍，更是一处供我们膜拜的知识殿堂。

纽约图书馆就是文字文化的活招牌。无论是图书的规模、质量，还是门口的台阶、辉煌的阅览室，这所有的一切无不在向人们传递着文字的魅力。几年前，我有幸参观了纽约公共图书馆，并且毫不意外地被眼前这座金碧辉煌的文化殿堂深深地震撼了。图书馆内是允许游客拍照的，于是，我拿起相机将半数阅览室拍了下来。当我

---

[1] 列诺克斯图书馆的镇馆之宝是1455年流入美国的第一部古登堡《圣经》"列诺克斯《圣经》"，受赠于纽约图书馆的创始人之一詹姆斯·雷诺克斯（James Lenox）。请参看斯坦福森（Steffensen，2003）以及http://exhibitions.nypl.org/treasures/items/show/113。

回到家将这些照片拷贝到电脑上仔细观察的时候,突然发现这样一幕:阅览室里的两百名读者,没有一个是在专心地阅读一本书,几乎所有人都拿着电脑,盯着屏幕阅读、计算、写作或是玩游戏,700万本藏书成了陪衬。为了解释这种变化,我们首先要来了解一下文字文化这个概念的含义。

3.1 文化是符号系统

"文化"的概念很宽泛,生活中到处都会出现这两个字:文化产业、公司文化、社会文化、文化革命、文化衰落等等。把"文化"输入搜索引擎,会出现上百万条搜索结果。文化这个词在德语常用词排行榜中位列第956位[1]。杜登大词典中文化这个词的释义有5条,其中3条都来自于农业和医药行业。[2] 其余的两条释义也可以进行进一步的引申。文化的第一条释义是"人类在某一阶段创造出来的所有精神和物质财富的总和",等同于文明(如"人类文明"),这条释义还可以引申到某一特定的时代或领域中去(如"中华文明")。文

---

1 此排名依据"莱比锡大学德语词汇"项目出版的词汇表(http://wortschatz.uni-leipzig.de/html/wliste.html),统计的是报纸文章中出现"文化"这个词的频率。
2 http://www.duden.de/rechtschreibung/Kultur

化的第二条释义指的是人类（如"他看起来非常有修养"）或者个人（如"一个没有修养的人"）在日常生活和生产中的表现。词典中的这些释义并未包含文化的全部含义，比如在"辩论文化"和"文化预算"这两个词中，前者指的是某个群体的成员都非常善于辩论、口才极佳。后者则是文化产业领域中的专有名词。要搞清楚文字文化的内涵，我们首先要了解"文化"的含义。

了解一下文化学或许会有所帮助。文化学这个概念涉及面非常广泛，包括文学、艺术、音乐、电影及其他媒体，还包括历史和社会现象其中每一个分支都能够成为一个独立的研究方向。文化是一个历史概念，其中包含着人类对文明发展、社会进步和自然进化理解的过程。现如今，文化则更多地涉及社会系统和社会学方面的内容。[1]

语言学著作总是以讨论文化这个概念的内涵和外延开头的，这一选择无疑是非常正确的。语言学中将语言定义为符号。符号由两部分构成，一部分是其外形，也就是语素串，另一部分就是其意义，也就是单词的含义。词组、句子和篇章都是如此。语言是一个自下而上的符号系统：语素构成单词，单词构成词组，词组构成句子，句子构成篇章。"Renovierung（修缮）"这个单词就是由词

---

[1] 奥托（Ort，2008）

干"renovier-"和名词化词尾"-ung"构成的，再加上"eine"和"grossen"这两个词，就构成了词组"eine grossen Renovierung"。语素、单词、词组、句子，每个层面都有自己的构成规则。"Renovierung grossen eine"这样的词组就不符合词组的组成规则。这种以规则为基础、因而能够不断产生新符号的符号系统就是我们所说的语言符号系统。

文化符号学中对文化的定义就是符号系统。[1]研究符号的科学就是符号学，与文化结合起来就是文化符号学。概念似乎有些抽象，那就让我们用具体的例子来帮助理解，看一看符号是如何发挥作用的。我们先来看看这句话："Die grosse Renovierung steht unmittlbar bevor.（马上要进行大规模修缮了）"。首先，这一串符号是有一个固定的形式的，即：一组德语单词以某种顺序依次排列，组成了一句有具体意义的句子，某些单词的形式受语法规则的影响（比如"die"和"grosse"这两个词表明了后面被修饰名词是阴性名词，"steht"之所以是单数第三人称的形式取决于主语"Renovierung"）。

其次，我们来看看该句子的具体内容。句子中的每个单词意义明确，组合成句后意思明了。一场"grosse Renovierung（大修缮）"

---

[1] 艾克（Eco，1977）

或许会持续数周或数月，并且花费巨大。句首的定冠词"die"是特指，表明该句中的大修缮是某一场特定的修缮活动。"unmittlbar"（马上）这个词则向我们传递如下信息：此次大修缮即将在很短的时间内开始，或许是几天后，最迟也会在一两周后就动工。

最后，这句话在日常生活中绝不会单独出现，它的出现总是有一个上下文语境。这句话如果是房东对房客说的，那么它隐含的意思可能是让房客在接下来的一段时间里忍受一下装修带来的噪音。如果这句话是银行工作人员对同事说的，那么就有可能涉及一些经济方面的问题。形式、内容和使用——这就是符号的三个维度。[1]

每个维度中都有用于规范符号的规则。形式这个维度中的规则我们已经看到了，语言学家称之为句法规则。内容中的规则指的是，以一定顺序排列起来的符号与现实之间的对应关系，语言学家称之为语义规则。使用过程中的规则就是语用规则，符合语用规则的句子都是表达者带着一定的表述目的表达出来的，是一种有目的的语言行为。

如果把文化理解成与语言符号系统相似的符号系统，那么语言符号系统中的这三个维度和规则就可以直接借鉴过来。[2] 举一个例

---

[1] 这一结论是由符号理论的创始人卡勒斯·威廉姆·莫瑞斯卡勒（Charles William Morris）提出的。关于语言学中的符号理论你还可以参看里克尔（Lenke，1995:33-36）。
[2] 文化符号系统理论相关内容请参看罗兰·伯斯尼尔(Roland Posner，如，Posner,2008)。

子，1997年上映的电影《泰坦尼克号》就是一个文化符号。该符号的形式就是电影的整体结构。通过场景、对话、剪接等手段，用电影的形式为观众叙述了一个故事（其中当然也包括演员的台词）。该电影故事的结构非常经典，先引入故事情节，接着用各种矛盾将故事情节推向高潮（即船沉大海、被救脱险）《泰坦尼克号》的故事结构已经成为了一种固定的电影类型，就像篇章类型一样。

内容方面，该影片是由1912年4月发生的真实事件改编而成的，整个故事架构都是以此次事件为基础的。以此事件为背景，就能调动起观影者对那个时代的认识和固有常识，比如那个时代的汽车或服饰等。这部电影的内容可以总结如下：来自美国不同社会阶层的两个年轻人在一艘横跨大西洋、并于途中因撞上冰山而沉没、导致大部分乘客身亡的豪华游轮上发生的爱情故事。整个故事讨论了尊贵与忠诚、阴险与狭隘等主题，揭示了阶级社会中非人道的规则，展示了爱情的伟大力量。这所有的一切构成了本影片的内容。

作为一个文化符号，该电影的目标也很明确：为投资商赚取更多的票房收益。要达到这个目标，电影必须能够吸引观众，使观众产生共鸣并令其感动。这个目标也是该影片的主题之所以要涉及价值观和社会问题，并通过演员的台词和表演将它们展示给观众的根本原因和动力。或许导演或发行商还想通过影片传递一些政治观点，比如阶级矛盾突出、百姓的生活难以为继。影片中我们还能看到对自负的批判。吸引观众到电影院里来看这部电影的不仅是跌宕起伏的情节和宏大的场景，还有演员的知名度——这些因素都必须在电影投拍之前就考虑妥当。《泰坦尼克号》这部电影的目标体现在许多相互区别又联系紧密的层面上。将《泰坦尼克号》看作一个文化符号，从三个方面——形式、意义、使用——去分析它的结构和规则，这种做法就是借鉴自分析语言的方法。仔细分析和总结德语的句法结构，就能掌握这门语言的语法。这种方法同样适用于分析故事片：常见的叙述模式、剪接技术和构图方法，这些都像是一整套"电影的语法"，许多电影都能套用。一些以某历史事件为背景的历史题材电影成功吸引观众的原因在于：尽管每个时代标志性的历史事件始终不变，但不同的人对同一个历史事件的理解则是可以发生变化的。看一看二十年前的电影，比如描述1900年代的《泰坦尼克号》，我们所获得的不仅是与该事件相关的史实，而且还加深了对于影片中所描写的那个时代的理解和认识（这种认识与历史事实相差甚远）。由此可见，文化符号传播的不仅是知识，还有对所描述时代的现实和社会价值观的理解。

语言符号与文化符号还有一个共同点：它们都既可以构成大单位，又可以拆分成小单位。句子是由词组和单词构成的，但句子又是篇章和对话的一部分。电影也是一样，电影可以分为单个的场景，将这些单个的场景以一定的规则组合起来（就像单词和词组构成句子那样），就构成了一部有"完整意义"的电影。再来看一看句子和电影会构成什么。与单词和词组以一定的规则构成句子一样，句子构成篇章的时候也要遵守一定的规则。篇章中的衔接和意义连贯是通过以下手段实现的：句子的排列顺序、重复出现的单词[第一句中出现了单词"eine Renovierung（一次修缮）"，第二句中就可以用代词"sie（它）"或"die Renovierung（这次修缮）"来替代]，或使用意义相关的内容，也就是拆分某概念的内涵的方法[如果第一句中出现了"die Renovierung（这次修缮）"，第二句中就可以用"die Malerarbeiten（这次粉刷）"来替代，而第三句中就可以用"der Parkettleger（地板装修工）"来替代]。

文化符号（比如《泰坦尼克号》）也是一样的。娱乐节目中播放的宣传片就是从整部电影中剪辑出来的片段，其中还夹杂着花絮和导演采访等内容。报纸上大段的影评中所评论的也不过是影片中的某些点而已。还有一些研究者专门研究观众对电影的接受过程……综上所述，我们可得知，一个得到大众认同的文化产品会产生一系列的社会效应，而这些社会效应就像是"篇章"中的关系词和代词一样，将文化产品同整个社会连接了起来。但电影与书面篇章毕竟有所不同，因此，研究者们又引入了"语篇"这个概念。与电影《泰坦尼克号》以及1912年那场惨烈的沉船事故相关联的所有因素共同构成了"泰坦尼克-语篇"。该语篇是由电影、影评、对话和情节互相交织构成的文化"篇章"。日耳曼学学者乌沃·威尔特（Uwe Wirth）将文化定义为"意义编成的网"，这张网时刻发生着变化，节点与节点之间随时都有可能产生新的联系。综上所述，我们可以看出，文化这个概念很难定义——就在我们试图给它下一个定义的此刻，它就正处在变化之中。[1]

3.2 文化交流

1977年，奥地利著名哲学家卡尔·鲍勃（Karl Popper）与诺贝尔医学奖获得者约翰·埃克勒斯（John Eccles）共同出版了一部研究人类意识现象的著作。鲍勃在"自我及其大脑"（Das Ich und sein Gehirn）[2]一章中简明扼要地阐述了他对"世界"的理解：

"我认为，世界应该分为三部分，第一个部分是自然世界——也就是自然万物存在的这个世界 [……]；我将这个世界称之为"第一世界"。世界的第二个部分涉及的就是精神世界，其中包括自我

---

[1] 威尔特（Wirth，2008:63-64）。威尔特关于文化的定义是借鉴自格瑞茨（Geertz，1994）和卡希尔[Cassirer，2011（1942）]。
[2] 鲍勃、埃克勒斯[Popper&Eccles，1984（1977）]，英文原版名称为"The Self and its Brain"。

意识、精神支配和潜意识；我将这个世界称之为"第二世界"。当然，有一有二就有三，"第三世界"就是思想的内容和人类智慧的结晶；[……] 人类智慧的结晶指的是小说、神话故事、工具、科学理论（正确或者错误）、科学问题、艺术作品。第三世界是人类自己创造的，尽管大部分时候我们自己意识不到。"[1]

这种三分法就是本书论点的有力论据。鲍勃关于第三世界的论述中也提到了文化：

"第三世界里的许多事物都是以实体形式存在的，这种实体形式不是来自第一世界就是来自第二世界，比如雕塑作品、绘画作品、科学或艺术类的书籍。书是实体，属于第一世界的范畴；但其内容却对读者的思想造成了一定的影响；无论再版多少次，这些内容都是不会发生根本变化的，这些则是属于第三世界的。"

他继续论证道：

"我的主要论点之一就是，第三世界 [……] 是非常重要的：这不仅是因为第三世界的事物都有着第一世界的实体外形，还因为第三世界的事物本身的作用就非常之大。第三世界的事物可以对第一世界的事物产生影响，这种影响——往往是间接的——就是第三世

---

[1] 鲍勃、埃克勒斯[Popper&Eccles，1984（1977）:63-64]

界之所以不可或缺的原因所在。"[1]

文化产品是以实体形式出现的,因此首先是属于第一世界的。投入应用之后,书籍和电影等文化产品又对读者和观影者产生了影响,从而进入了第二世界。当文化产品逐渐成为了文化语篇或意义编成的网之后,就成为了第三世界的一部分。文化产品是如何从第二世界过渡到第三世界的,答案只有一个:交流。这就是本书的重点研究方向:信息化改变了文化符号的传播方式。

我们先来看一下一般的交流是如何进行的。吃晚饭的时候,穆勒女士对丈夫说"装修马上开始了"。穆勒先生能够接着这句话往下说是有一系列前提条件的[2]。首先,穆勒女士必须使用正确的句法,并且将这一串语音流利清晰地表述出来。如果穆勒女士刚刚拔了牙,那么这一点就难以满足了。其次,穆勒先生要能够听到妻子说出的这句话——如果周围环境嘈杂,或者穆勒先生正在听音乐,那么这一点也就难以满足了。最后,穆勒先生还必须解读听到的这一串语音流,明白它的意思。这就是语言交流过程要满足的三个前提。

首先我们来分析一下第一个条件:穆勒女士说这句话的时候一

---

[1] 鲍勃、埃克勒斯(Popper&Eccles,1984(1977):64)
[2] 里克尔(Lenke,1995)。本例中涉及许多不同的语言学交际理论。

定是抱着某种目的的。比如要重新装修房子，就必须先把摆在阳台上的家具、花盆都清理掉。穆勒女士想询问丈夫什么时候有空能搬一下这些东西。穆勒女士没有直接提出要求，这是因为她的出发点是想让丈夫听到这句话之后，自行将这句话的意思与搬东西联系起来，理解其背后的含义。穆勒女士替丈夫着想，因此用自己现有的语言知识组织了一句能够代替直接命令对方去干活儿的话。在这个过程中，她一方面考虑到了"自己的需求"，另一方面还考虑到了对方的感受，这样的表达方式既完成了交流目的，也照顾到了话语的适当性。

　　穆勒女士对丈夫的体谅还体现在使用的冠词上：她用了定冠词"die Renovierung（这次修缮）"而不是不定冠词"eine Renovierung（一次修缮）"，这就向丈夫传递了一个信息，即她所说的这次装修是双方都知道的事情，对方只需要在记忆中搜寻一下，就能知道她说的是什么。穆勒女士的这种表达方式揭示了本句话与前面所说的话之间的关系，语言学中称之为语境。时间和地点也属于语境的范畴，影响着听者的理解。如果穆勒女士在一年前和丈夫一起旅游的时候讲这句话，穆勒先生或许就不明白什么意思了。

　　穆勒先生对妻子说："明天和后天我要出差。"这句话正是穆勒女士想要的，但从表面上来看，这句话却像是回答了一个穆勒女士完全没有提出的问题。这样的回应表明穆勒先生正确理解了妻子的意图，领会了对方说这句话背后的含义。穆勒先生说这句话的目的也是期望妻子能够理解其背后的含义：他没有直接拒绝妻子要求帮忙搬东西的要求，而是将出差的消息告诉了对方，试图通过这样的表达让妻子明白自己明后两天没有办法完成搬东西这个任务。但这里有个前提条件，那就是穆勒女士要明白出差这件事和搬东西是有冲突的，出差就搬不了东西。通过这个例子，我们可以得知，一次成功有效的交流必须建立在交流双方共有的知识水平以及互相适应的基础上。想要达到交流的目的，最好能够采取曲线救国的方式，委婉地将自己的意思表达出来。"成功"的对话总是建立在双方互相适应的基础之上。

在与诸如电影《泰坦尼克号》这样的文化符号交流的过程中，除了要具备一定的物质条件（随后我会详细说明），还要有和语言交流中互相适应相似的那种相互影响的现象。[1]但有一个问题：文化符号的交流双方是谁？小说是小说家写成的，电影是电影团队制作的，它们的受众分别被称为读者和观众。文化产品的创造者本身就是受众中的一部分。也就是说，这种交流其实是部分受众和另外一部分

---

1 "文化交际"的详细概念请参看吉塞克（Giesecke，2002:11-43）。

受众之间的交流。[1]因此，我们首先要弄清楚的就是创造文化产品的这部分受众，他们的目的是什么。《泰坦尼克号》的制作团队无疑是以经济收益最大化为目标的，要实现该目标，就必须准确把握观影者的心理：他们对什么感兴趣，什么会打动他们？观众认同哪种美学价值，认可哪位演员明星？哪种情节最扣人心弦，最能带给观众震撼的感觉？只有充分了解了受众的需求，电影的制作者才能够获得更大的经济收益。

上文中提到的文化语篇就产生于一个群体中的成员互相交流、并在交流的过程中不断相互理解的过程中。文化交流中的每一步都是在语篇的框架内完成的，并且不能够被割裂开来。按照卡尔·鲍勃的理论，交流中的每一步都是在丰富着第三世界。语言交流是为了协调交流双方（个人层面）在一定语境中产生的问题。与此相同，作为一个传递文化意义的符号系统，文化可以帮助我们解决各种社会问题。就此意义上来说，文化可以算作是一种超越个人层面的语言。

只有根据目的对符号进行"优化"，才能使其在交流——无论是语言交流还是文化交流——中达到目的。如同我们看到的那样，符号包括形式、内容和使用这三个维度。我们可以在每一个维度中设

---

1 鲁曼（Luhmann，1995:31-54）

置一套评价符号是否"合格"的参数。比如在形式这个维度中，我们就可以用"符合语法"这个参数来衡量，即一句话在多大程度上符合标准句法的要求。内容这个维度的参数则是"表达正确"，即说话者所说的话是否符合事实？所选的概念是否能够唤醒对方对该概念的认知？在使用这个维度上我们选择了"使用得当"这个标准：这句话是否能够帮助说话者达到交流的目的？造成听话者不理解的原因是否是因为说话者（在符合语法和表达正确这两个前提下）给对方传递的信息过少？这三条标准同样适用于文化符号，比如电影：电影是否"符合语法"，其结构是否能够顺利为读者所解读？电影中所传达的信息是否符合事实和逻辑？电影是否达到了娱乐观众的目的，内容是否过于庸俗或血腥？

符合语法、表达正确和使用得当这三条标准在语言交流的过程中相互联系、相互影响。因此，我们所说的话不必每一句都符合这三条标准，只要符合其中的一条或者两条，就不影响实际交流。比如上述例子中的穆勒女士，她说的话其实并不完全符合这三条标准，但仍旧达到了让穆勒先生了解自己话语背后含义的目的。这表明，一句话即使语法不是很正确或表达不是很明了，也可以达到预定的交流目的。只有当语言符号本身发生了改变，才会影响到交流目的的达成。假设穆勒先生和穆勒女士互发电子邮件交流，那么穆勒女士"装修即将开始"这句话就有可能达不到预定的交流目的。符号的形式发生了改变（由语音流变成了书面文字），该符号是否"表达正确"，是否"使用得当"的内涵也就发生了改变。如果内容发生了改变，那么形式和使用也会发生改变。现如今，随着信息化发展而改变的交流方式正在不断地更新着传统的文化符号的判断标准和内涵。

3.3 手稿文化、书籍文化与文字文化

我们再来看看上文中讨论过的阅读、写作、文字和篇章这些概念。篇章也是符号，是服务于交流的符号。篇章也有形式、内容以及一定的使用环境，并且受一定规则和标准的限制。而这些规则和标准（即"形式正确""内容明了"以及"使用得当"）都是使用篇章进行交流的双方必须共同遵守的。

我们先来看看通过书籍进行交流的过程。一本书的成书时间相对较长，因此交流双方发生交流行为所需的时间也比口语对话耗时更长。书籍出版和再版都有一定周期，显然时间因素在书籍交流这一范畴内就显得尤为重要。因此，与口语交流不同，通过书籍进行的交流要持续很长的一段时间才能完成。书籍的传播过程也很复杂，比如存放书籍（需要图书馆）等问题。出版、再版和阅读，是交流

过程的先决条件，传播和存放是保证书籍交流的"基础设施"——这就是该交流系统的关键因素。[1]要估算出维持一套完整交流系统的投入，你可以将每一步的花费都算出来，然后进行综合计算。这里的投入不仅指的是经济投入，还有时间投入（持续多久），认知投入（精神"紧张"）和社会投入（完成此过程需要多少人以何种方式进行合作）。

中世纪时，维持手稿交流所必需的投入非常大。文字被书写在羊皮纸上——羊皮纸是工匠们运用特殊工艺制成的，每张羊皮纸大约要花费半张山羊或绵羊皮。[2]完成一部羊皮纸手稿几乎要耗费一整群羊的羊皮。羊皮纸造价昂贵，因此会被重复使用。在用旧羊皮纸书写之前，需先将其原有的文字小心刮除，再重新打线。还要准备好羽毛笔、墨水、海绵和浮石等书写工具。这是一个投入很大的过程。[3]准备工作完成后，就进入了书写过程。中世纪时尚无印刷技术，整个书写的过程全靠人工完成，因此工作量非常大。许多书稿还需要加入图画作为点缀，因而又需要请画师参与这项工作。这一过程耗财耗时，因此，当时一本制作精良、内容丰富的图书售价高昂，而且这些书籍

---

1 科蒂（Coody，1990）
2 如斯坦（Stein，2006:94）
3 马扎（Mazal，1994）及马扎（Mazal，1999）

一般都是在有钱人的资助下问世的。在那个没有邮政系统的年代，书本的传播只能通过信使或假手于商人才能得以实现。亚历山大港每艘进港船只的船员们上岸后的第一件事就是将采购的各种卷轴卸船，因此，亚历山大图书馆逐渐成为了那个时代藏书最多的图书馆，总藏书量最多时达到了50万册（卷轴）。[1]

接下来就到了阅读的部分了，这一步骤中要讨论的投入即前文所述的认知投入。首先要声明一点，无论你阅读的是卷轴手稿、印刷出来的书本还是电子书，认知投入都是一样的。回忆一下我们前文提到过的连写和字间距的"发明"过程：这一创新简化了阅读过程，为默读创造了可能。报纸版面的发展也表明，将篇章分为不同的类型也会简化阅读过程。还有一个有助于简化阅读过程的方法非常值得一提，那就是"统一标准"，只要实现了标准化，就可以用同样的方法进行批量处理。阅读也是如此。古代人工手书的书籍大多是孤本，尽管当时对书籍的样式和篇章的类型也有规定，但每位书写者的书写方式、字体和篇章结构却各自不同，并且难以统一。这对于阅读者而言就意味着，每读一本新书就要换一种思维方式，重新适应书写者的书写风格，这无疑增加了阅读者的认知成本，延长

---

[1] 克劳斯（Clauss，2003:96-98）

了阅读时间。

在15世纪中叶印刷术发明之后,这种情况渐渐发生了改变。尽管将一本《圣经》印刷在羊皮纸上仍旧需要13张羊皮,[1]但印刷术将书本的出版时间缩短至百分之一。纸张发明之后,手工绘制书本插画就逐渐退出了历史舞台,印刷术的爆炸式传播使得书籍的价格在数十年内迅速下跌。[2] 9世纪时只发行了9000本手写书,到了15世纪的后半叶,就已经激增到3万种书,印刷量达到900万册。[3]中世纪教堂里手写出版的过程是分工完成的,打字和印刷机器发明之后,就大大压缩了出版费用,并出现了诸如传单等新的篇章类型。[4]

书籍印刷大大加快了出版速度,但这只是约翰·古登堡想要达到的目标之一。媒体历史学家米歇尔·吉塞克(Michael Giesecke)认为,古登堡创造这种"没有芦苇笔、笔杆和笔尖的打字机"的主要目的是想要创造一种符合文艺复兴时期"完美"艺术感(有高度艺术感的)的篇章"外观"。[5]统一的印刷模版能够使字体的大小和风格统一,整齐

---

[1] 斯坦(Stein,2006:181)
[2] 斯坦(Stein,2006:176-181)
[3] 霍尼曼(Honemann,1999),福塞尔(Fuessel,1999b:91)及斯坦(Stein,2006:186)。这一数字或许与实际数字有出入,但绝对是只少不多。
[4] 邦戈特·施密特(Bangerter-Schmid,1999)
[5] 吉塞克(Giesecke,1991:134)

的字母排列使得版面更加整洁易读。《圣经》的印刷一开始进行得并不顺利：本来通过文字印刷节省出来的时间又被浪费在手工绘制书本插图上了。[1] 活字印刷获得的文字样式标准、行间距和字间距一致、页面排版规整，这些都可以在印刷版的42行古登堡《圣经》里看到。将文字标准化生产的印刷术统一了篇章的外观，大大简化了阅读过程。因此，印刷术的发明不仅有利于书籍的出版和传播，还有利于简化读者的阅读过程。

手稿印刷、书本印刷——这两者之间是什么样的关系，关于这个问题，研究者们各执一词。于1980年辞世的加拿大"明星"媒体理论家马歇尔·麦克卢汉（Marshall McLuhan）认为，印刷术的发明开启了一个时代，其意义不亚于千年之前文字的发明。[2] 他将古登堡的发明称为"古登堡星系（Gutenberg-Galaxis）"，这也是1962年出版的那本令他声名鹊起的著作的名字。其他的作家，比如文化学家彼得·斯坦（Peter Stein），强调新时代背景下应当维持"可持续发展，手稿和书籍出版并重"的发展理念。中世纪晚期的手稿出版已经开始注重篇章版面设计了，古登堡版的《圣经》手稿可以算作是"工艺创新"了。[3] 无论研究者们的观点有多不同，但交流是一个将

---

1 吉塞克（Giesecke，1991:134）
2 麦克卢汉（McLuhan，1962），吉塞克（Giesecke，2002）
3 斯坦（Stein，2006:176）

文字通过媒介进行传播的过程，这一点是毋庸置疑的。人工书写这项文化技能随着时间的推移不断地被机器所替代，以标准化的铅字形式出现。阅读这项文化技能需要照明、眼睛等作为前提条件，有的人还需要眼镜。照明和眼镜等支持阅读实现的这些条件出现的时代，与印刷术发明的时代差不多。[1]无论是人工书写还是印刷，文字都是不可被编码的，但随着信息化时代的到来，文字的定义就会发生新的变化。

3.4 基础设施

交流是通过篇章的生产、传播和存储来实现的。最初的交流过程很简单，只有阅读和书写两部分。但随着时代发展，交流的过程也渐趋复杂，逐步形成了上述三个步骤。古代的篇章生产仅指手稿书写，现代的篇章生产则包括出版社和印刷业。传播方面，中世纪已经出现了书店雏形，这些书店提供书籍运输服务，能将印刷出来的书籍送达各地。存储方面，图书馆和档案馆中的目录可以帮助读者快速查阅书籍位置。接下来，我们就仔细研究一下文字传播的这三个基本过程。

---

[1] 曼古尔（Manguel，1998:339-351）

古代的篇章生产地点是教堂的缮写室，其功能相当于现在的印刷厂。缮写室里誊写文字的修道士们分工明确、勤写不辍。每个修道院都有一间缮写室；圣加仑州的教堂甚至将缮写室修建在了整座教堂最中心的位置。阅读和书写是修道士们的基本工作之一，他们认为用文字传播文化是神灵的旨意。[1]缮写室中修道士们每天的工作就是听写篇章，将耳听之词转化为纸上的文字，一人诵读，多人听写，这种方式能够同时"生产"出多册手写书稿。书中的插画和装饰字体（用金粉液写出来的花体字）则由专擅此道的修道士完成。在同时誊写多页内容时，修道士们会保证前后两页的内容刚好连接上。这些誊写员不再一味按照顺序进行誊写，而是以快速出书为原则对誊写顺序进行了重新安排。[2]书的作者不参与誊写工作——他的工作就是在教堂的图书室里完成创作。中世纪以后，缮写室逐渐演变为城市行政管理机构下辖的一个专门机构，主要负责通信、簿记和拟定各种证明书等工作。贵族们将自己的信件交付该机构，加速了这一转变的过程，文学的发展也对此起到了助推作用。对书籍不断扩大的需求（这与现代大学的成立和兴起有很大关系）催生了出版这个新行业。修道院也都纷纷尝试着借鉴出版业模式，以求不被时代所淘汰。

1　斯坦（Stein，2006:154-156）
2　提斯勒（Tischler，1994:534ff）

印刷文字的过程并不简单：排字工人生产印模，印刷工人用印刷机将文字印于纸张上。1450年，古登堡的42行《圣经》出版了180册，共1300页，动用了6位排字工和6位印刷工。[1]印刷技术从一开始就较成熟，因此在发明后的很短时间内便传遍了整个欧洲，随后又传遍了全世界。1470年欧洲共有16家印刷厂，1490年有105家，10年之后则是265家。纽伦堡人安东·科贝尔格（Anton Koberger）开了24家印刷厂，雇用了上百位员工。[2]至此之后，印刷工人的工作方式数百年来都未发生变化。1812年，图灵根人弗里德里希·科内西（Friedrich Koenig）在伦敦发明了第一台蒸汽印刷机，这台机器每小时能够印刷800页纸，彻底改变了传统的印刷方式。19世纪中叶，轮转印刷机问世，印模被制作成圆筒形状，纸张不再切割成一张一张地进行印制，而是整卷纸进行印制。轮转印刷机的印速为每小时1.2万次。[3]从1848年开始，《泰晤士报》就开始用轮转印刷机进行印制了。完全自动化的印刷过程以及非常快的印刷速度加速了以时效性为卖点的日报和定期出版的期刊行业的发展。现如今，印速最快的机器要数海德堡印刷机械厂生产的Speedmaster XL 106，该型号的

---

[1] 斯坦（Stein，2006:179）
[2] 斯坦（Stein，2006:185ff）
[3] 哈尼布特·本茨（Hanebutt-Benz，1999:408-409）

印刷机速度高达每小时1.8万转——双面彩印、图文清晰可辨、纸张大小为75厘米×106厘米。[1]

19世纪末有这样的说法：一台印刷机需要配备6位排版工人。1894年，美国人发明的莱诺铸排机传入欧洲，使这一状况得到了大大的改善。排版机配有输入键盘，因此不必再进行人工排版。接下来就发展到了胶印印刷阶段。借助于胶皮将筒状印版上的图文印制到纸上就是胶印。胶印非常适合印刷图画和图表，先将用常规方法印出来的文字拍下来转印到印版上。而最新一代的胶印机通过印版曝光技术存储视觉符号，省去了这一步骤。[2]

随着印刷技术的发展，修道院的缮写室逐渐被淘汰，但有些却被保留了下来，做一些古籍复写工作。要复写的古籍数量十分庞大，因此参与复写的人必须付出很多时间和精力，用古老的羽毛笔和墨水一点一点地重现古登堡时期的古籍原貌。

继排版机和印刷机之后，又一个改变世界的发明于19世纪初横空出世，使人们从繁复的抄写工作中得以解放，这一发明就是——打字机。[3]打字机大大加快了书籍出版的速度——一位训练有素的打

---

[1] http://www.heidelberg.com/www/html/de/content/produchts/sheetfed_offset/70x100/speedmaster xl 106 及 http://www.print.de/Top-10/Top-10-Technik/Die-zehn-schnellsten-digitalen-Bogendruckmaschinen_4250

[2] 布林克胡斯（Brinkhus, 1999）

[3] 打字机历史请参看昆茨曼（Kunzmann, 1979）。

字员每分钟可以用打字机打出200～400个字母。这种用电作为动力的机器的打字效率还可以更高，甚至可以与速写员的速度相媲美。打字机不仅可以将人类从繁重的手工劳动中解放出来，还可以实现文字的标准化，增强文章的易读性。用复写纸可以同时打印4份文件。打字机与印刷机配合起来使用可以大大提高工作效率，节省人力。有了这两个帮手，只需一位操作员，就能完成所有的复写印刷工作。由此可见，打字机从发明之初就是以方便管理为目标的。簿记、结算和文件备份这些工作都会因为有了打字机而变得容易许多。

一战之后，打字机的发明催生了一种新的职业：速记打字员。他们的工作就是为公司会议或政府会议做记录。大型公司会专门成立一个速记部，该部门中的部分成员负责录音工作，另一部分负责用打字机将录音转换成文字。IBM是第一个吃螃蟹的人，1960年，IBM成立了专门的速记部，速记部的设备包括打字机、听写机和录音机。[1]直到现在，这个以各种机器为依托的速记部门仍然发挥着重要的作用。尽管书籍印刷早已实现了全自动化，自动化排版代替了分工合作，但由于打字机能够帮助我们实现少量的文字复制，因而仍然占据着非常重要的地位。[2]打字机和听写机的发明大大降低了复

1　赫尔曼（Heilmann，2010:143-151）
2　20世纪后半叶，早在计算机文字处理软件出现之前，复印设备就已经过时了。

写的工作量，从而降低了复写的造价。[1]

在出版社出现之前，书籍就已经开始传播了。手工书写时代的大学周围到处都是私人开办的抄写室，这些抄写室的工作就是誊抄书籍。[2]印刷术发明之后，许多印刷商充当了出版者的角色，承担书籍排版、印刷、封面设计和推广营销等工作。随着时间的推移，印刷行业内的竞争越来越激烈，因而逐渐分化出了出版商这个职业，出版商的工作内容不再涉及书籍印刷，而集中在推广营销方面：先与其他出版商互通有无，然后再根据自己的判断选择书籍进行出版，以图获得更大的经济利益。

书籍传播的方式也发生了翻天覆地的变化，图书展开始出现。1796年，尤里亚斯·派提斯（Julius Perthes）在汉堡开了第一家书店，书店里的书来自不同的出版社。图书展是图书的集散地，比如从1480年开始举办的法兰克福书展和17世纪中叶开始举办的莱比锡书展。图书展里的中间商和批发商都是出版社和零售商之间的桥梁。1825年，德意志书商证券协会成立，该协会致力于保护出版商、书商和书籍出版行业的经济利益。现如今的出版社将书籍出版作为文

---

[1] 电传打字机是电报和电动打字机之间的过渡机器。科特勒（Kittler，1986）
[2] 出版社及书店业发展请参看施塔特（Schönstedt，1999），福塞尔（Füssel，1999a）及斯坦（Stein，2006:213-225）。

化产业进行组织和经营。书籍是一种能够丰富人类精神世界的特殊商品,因而其传播途径也与普通商品略有不同。出版社将作家的稿件进行排版,将排版好的产品投厂印刷,印刷好的书籍再由批发商运送到各个零售书店中去——这其中的每个环节都需要专业人士的参与。书籍出版的这一系列步骤都是围绕着文字的处理进行的,因而可以算作是文字文化的一部分。因此,那些将书看作文化商品的人往往与将书看作普通商品的人观点相左。

接下来我们讨论一下文字传播的最后一个步骤。我们最熟悉的书籍存储场所就是图书馆。[1]本章引言部分为你详细介绍了纽约公共图书馆上百年的辉煌历史。最初的图书馆与档案馆无异。档案馆的功能是搜集、存放书籍,并在必要时供人查阅。早在古希腊时期,寺院就已经有了专门的藏经室。亚历山大图书馆以及公元39年罗马第一个对外开放的公共图书馆[2]使得图书馆不仅涵盖了档案馆的所有功能,还成为了一个传播知识的殿堂。中世纪早期的教堂中都设有图书室,这时候的图书室规模不大,有的甚至只藏有几十本书。珍贵的手稿被锁在柜子或箱子里妥善保存,其余的书籍可供读者借阅,这已经是一个很大的进步了。书籍出版业的兴起大大增加

---

1 关于图书馆的历史可参看雷欧哈德(Leonhard,1999)。
2 雷欧哈德(Leonhard,1999:475)

了大学图书馆的藏书量。2004年，德国政府投入了大量资金和人力，用于重新修缮魏玛时期著名的安娜阿玛利亚图书馆。从19世纪起，德国出现了公共图书馆，随后又出现了可以用于存放法律文件的国家图书馆。

3.5 文化机构

文化技术不仅涉及诸如文字的生产、传播、阅读和存储等基础设施的问题，还涉及文化机构是否遵循文化目标的问题。文化目标——这一概念指的是获得文化知识或文化的使用，这两者都是超乎于个人层面的，属于卡尔·鲍勃理论中第三世界的范畴。当然，文化目标还有其他的内涵，但这两者是与阅读和书写以及基础设施联系最紧密的。文化知识就是各个领域的知识和经验的合集，包括文学的和艺术的，这些都具备超乎个人层面的文化含义。科学知识、社会知识、历史知识、艺术知识或政治经验，这些都包含在文化知识这个概念里。文化知识还包括那些不能以语言文字形式展示出来的知识，只不过我们这里研究的与阅读和书写相关的文化知识都是只能以文字篇章的形式展示出来的知识而已。

文化知识获取的最初场所就是小学。这种系统的学习方式一直延伸到了中学和大学。作为研究机构,大学的任务除了传播知识,还要创造新的知识。而文化知识的使用,如同我们看到的,也有专门的场所——图书馆(尤其是图书馆的索引室)——它能帮助读者找到所需书籍的具体位置。文化知识的传播途径之一就是出版业。控制公共文化传播的内容也需要成立相关的监察机构,这种机构就是文化局。小学、中学、大学、研究所、图书馆、出版社和文化局——这些都是文化机构。这些文化机构在信息化进程中发挥了什么作用,它们是如何通过文字和文化技术来发挥这些作用的,这就是我们接下来要仔细讨论的两个问题。

小学是我们接触文字的第一个场所。早在美索不达米亚文明时期,人类就已经意识到,要促进文字的发展,就必须成立教授文字的机构,这就是最早的学校雏形。[1] 阅读和书写并非人类天生就具备的能力,必须通过后天的努力学习才能够掌握,这一习得过程就是在学校完成的。古希腊的小学产生于公元前5世纪,古罗马的小学产生于公元前200年。[2] 中世纪的教堂充当着学校的角色,随后又出现了公立小学。除了教授学生学习阅读和书写等文化技术,现在的小学还教授学生认识不同的篇章类型,掌握不同篇章类型的特点,如

---

[1] 格鲁斯曼(Grüsemann,2013)
[2] 斯坦(Stein,2006:69-70)及福格特·斯皮尔亚(Vogt-Spira,1994:519)

童话和寓言等。学会文字语言的表达模式是学会书写的第一步。学生在学校接触到的各种文字语言知识都有利于他们习得第三世界层面中的文化知识。

欧洲最早的大学是成立于1190年的博洛尼亚大学和成立于1200年的巴黎大学；这两所大学与不久之后成立的牛津大学和蒙彼利埃大学成为了之后数百年间所有新设大学的典范。[1]大学的历史远早于印刷术，早期的大学与教会关系紧密。"Vorlesung"（授课）这个现在指代大学讲授课程的词汇来源于"Vor-Lesung"（朗读经文），亚里士多德和奥古斯丁授课时会要求学生用羽毛笔将讲授的内容记下来，这就是大学授课的前身。[2]从18世纪开始，大学教授——英国人仍然叫Reader或Lecturer——就开始采取这种在讲台上一段一段地朗读并解释的方式进行授课了。完成整本书的教学通常需要10～15个月，而学生则要记10～30本课堂笔记。[3]印刷术的发明大大减轻了学生的劳动量，但直至今日，做笔记仍然是阅读和写作教学的主要方法之一。提炼出课本中的知识点和对原文进行缩写是学习知识最有效的方法之一。根据课堂笔记整理出来的文章就可以作为学期论文乃

1　罗格（Rüegg，1993）
2　施文格斯（Schwinges，1993:213-216）及穆勒（Müller，1996:269-271）
3　施文格斯（Schwinges，1993:215）

至毕业论文的素材使用。学生必须自己完成论文,不允许将老师说过的话或上课讲授的内容原文照搬到纸上——此时就需要发挥写作功底了。讨论课里用到文字的时候就非常多了:板书或演示文稿等。综上所述,我们可以得知,从古至今大学都是通过文字传播文化知识的最高学府。

  在普鲁士大学教育改革家威廉·冯·洪堡(Wilhelm von Humboldt)对大学教育进行改革之后的19世纪,德国的大学就已经接近现代意义上的研究所了。[1]不久之后,专门的研究所出现了,如威廉皇家研究所(1948年改名为马克斯普朗克研究所)。研究所有以下几个特点:创造新知识,拥有相应的科研设备(比如实验室或计算中心),是国际学术交流中心。学术交流最重要的媒介就是文章:学术论文和专著。专业领域内的学术会议非常重要,会议之后就会出版学术论文集,将会议中的主要学术成果以文字的形式记录下来。

  作为学术交流的媒介,学术论文是一种规则非常严格的篇章类型,科学家们必须严格遵守这些规则,才能够让其他科学家通过阅读论文了解自己的研究成果。论文的规则涉及论文的结构、措辞、表达、风格以及文章设计。更为重要的还有论文中的引用。作者必

---

[1] 关于欧洲大学的发展请参看卡勒(Charle,2004)。

须将本论文中引自其他论文的部分清晰地标注出来，并注明该引用部分的出处及作者等信息。没有标注的引用部分一旦被他人发现，就会被当作抄袭，这种学术剽窃行为是为整个学术圈所不齿的。所有的这些规则都是为了让阅读者尽可能快地理解论文内容、理清论文头绪。学术语言结构清晰、简洁明了，有助于其他的科学家从中快速找出自己需要的信息（大部分科学家在阅读他人论文时通常都会挑出自己需要的那部分，而忽略其他的部分）。

将文化知识系统化地展现出来可以加快习得速度，图书馆里分门别类摆放整齐的书籍就是明证。当然，摆放书籍的标准有很多种：按照时间顺序摆放（比如杂志），按照作者或书名的首字母顺序进行摆放，按照所属门类摆放，按照主题摆放。到底哪一种标准比较科学？现代图书馆摆放图书的标准往往是将这几种结合起来：所属大门类和子门类、作者名字、关键词还有主题。图书目录——最开始是简单的书目名称排列，随后变成了索引卡片，馆藏的每一本图书的信息都写在专属的一张卡片上——按照作者姓名的首字母进行排列的书籍向我们展示着图书馆的藏书量[1]。图书目录上通常都会用数字或字母缩写标明每一本图书所在的位置。由此可见，图书馆的任务已经从纯粹

---

[1] 关于图书馆的历史发展请参看斯坦（Stein，2006:239）。

的"保存书籍"逐步变成了"以方便读者查阅为原则将图书按照一定的规则进行排列"。按照一定的顺序摆放书籍能够帮助读者查阅到自己想要获得的、对自己的发展有利的知识,避免把时间浪费在无用的书籍上。索引卡片将图书中的部分信息转移到了卡片上,催生了新的分类规则。十七十八世纪时,只有那些有条件通读图书馆所有书籍的少数人,才能掌握这种分类索引的方法。因此,那时候德国的某些大学者和诗人都非常乐意当图书管理员:戈特弗里德·威廉·莱布尼茨(Gottfried Wilhelm Leibniz)曾经在汉诺威和沃尔芬比特尔的宫廷图书馆里当过图书管理员,约翰·沃尔夫冈·冯·歌德(Johann Wolfgang von Goethe)曾经在魏玛当过图书管理员。[1]

　　出版业是从印刷业中分流出来的。通过传播知识,出版社能够让我们形成共同的"认知",从而逐渐形成民族认同感。[2] 报纸和杂志围绕某一个主题定期出版,每一期都是整个系列中的一小部分。报纸和杂志的编辑将近期与主题相关的信息都搜集起来,再加上一些注释和解读,展示给读者。阅读同一份报纸的读者们会在同一时间段内获得相同的信息——相同的阅读行为会形成具有相同阅读偏好的读者群体。出版纪实文学和小说的出版社要形成固定的读者群

---

1 斯坦(Stein, 2006:239-240)
2 施特拉斯(Strassner, 1999)

体只能通过出版的书籍来实现。一本书投放市场的时间越长,上述现象产生的影响就会越来越小,该作品就会逐渐成为我们日常交流所使用的基本知识中的一部分。综上所述,要吸引公众的注意力,除了做好公关工作之外,出版社还必须在某几位作家或某几个项目上做长期投资。要形成固定的读者群体,报纸出版商和图书出版商的法宝不是"独一无二"就是"历久弥新"——只有这样,这些已出版的作品才能够在读者脑海的第一世界、第二世界和第三世界中都占据一席之地。

像文学作品这种文化交流的载体,从古至今都要受各种审查机构所监控。审查机构反对将文学作品直接投放市场,而是要求其内容必须经过"净化"。[1]审查大大阻碍了文化知识的传播。早在古希腊、古罗马时期,帝王就开始将那些不利于维持统治的书籍焚烧销毁。到了18世纪,独裁的君主还是会将所谓的禁书扔进火堆,让它们"尸骨无存"。[2]纳粹时代,德国的统治者们从刚开始的管控言论,到焚烧书籍,再到杀害对他们造成压力的作家,疯狂的行径令人发指。印刷技术的发明为管控文字带来了新的挑战。各种文化知识传播机构的产生为文字管控带来了更大的麻烦,因为这些机构都能进行书籍的出版和

---

[1] 文字审查的历史和功能请你参看费舍尔(Fischer, 1999)及布罗德(Broder, 1976)。
[2] 费舍尔(Fischer, 1999:501)

传播，这就促使管控者必须将管控行为深入到书籍的生产和流通的各个环节中去——排版、印刷和传播，市场、读者及图书馆。

古代的文字审查机构甚至会将作家的创作过程也控制起来，他们的手段非常多：颁布书写和出版禁令、人身威胁、监禁或流放等。世界上每一个国家都多多少少地管控着出版物，比如禁止传播犯罪内容等。即便是自由民主化程度较高的法治国家也会有文字管理机构，该机构的主要任务就是保护作者的版权。现如今，如果某出版物侵犯了他人的宗教信仰或突破了道德底线，那么就会被诉诸法律。文字管控机构的工作方法已经从过去的"控制文字出版"或"将出版物中的部分内容去掉"逐渐变成了"引导式管控"，在读者无法察觉的情况下就改变了文字出版物的原貌。这种形式的文字管控方法有很多，比如在报纸的新闻报道中引导读者重点关注某个国家。

3.6 理解、概念、价值、神话

数百年来，人类的阅读和书写方法、文字交流途径和文化传播机构对人类的思维产生着巨大的影响——这些都是文化发展的一部分。文化发展体现在各个方面，比如那些对我们的思想形成影响的概念和价值观。而这些影响就起源于语言。语言不仅仅是一种交流的工具，其自身也极具价值。语言是19世纪瑞士著名美术史学家雅各布·布克哈特（Jacob Burckhardt）笔下的"奇迹"：

"文化的金字塔顶端矗立着人类精神文明的奇迹：语言。语言不是某个民族所使用的交流工具，而是深深印刻在灵魂中的……语言是一个民族精神文明的直接表现，是理想的蓝图，是永不幻灭的物质，是精神世界的载体……"（Burckjardt 2011/1905:44）

柏拉图在《斐德罗篇》中谈到了口语和书面文字的不同。[1]柏拉图认为，书面文字不如口语生动，会削弱人类的记忆力，但他也指出，与书面文字相比，口语交流更容易"失控"。语言学家普遍认为，句子结构或单词对书面文字的意思起着决定性作用，改变句子结构或换掉单词，整个句子的意思就会发生改变。[2]但这一规则完全不适用于日常口语，口语中的一个单词往往具备很多意思。比如"lesen（阅读）"这个德语单词，与"Kunstwerk（艺术品）"连用时的意思是"欣赏"，与"Gedanken（思想）"连用时则变成了"了解"的意思。从同一个动词"schreiben（书写）"中衍生的各种带前缀的动词所表达的意思也是千差万别，比如"beschreiben（写上）"

---

[1] 柏拉图（Plato，1993），关于口语和书面文字不同点的总结可以参看沃尔夫（Wolf，2009:83-93）或斯坦（Stein，2006:69-71）。
[2] 库尔马斯（Coulmas，2003:220-221）

后面加上宾语就表示"描述"的意思,"verschreiben(写处方)"在与"sich einer Sache"连用时表示"献身于"的意思;"abschreiben(抄写)"在与"Investition(投资)"连用时表示"撤销","vorschreiben(写给……看)"后面加上双宾语就表示"规定"的意思;"etws wird ins Herz geschrieben"这句话表示"将某事铭刻在心","steht geschrieben"表示"命中注定"。生活就是一本书,世界就是一个藏书无数的图书馆,我们永远读不完。阅读的内涵是理解,书写可以等同于保存、规范或构建。阅读和书写这两样技能本身就是人类的文化经验。

为了帮助你理解,接下来我会举几个具体的例子,比如前文中提及的文化交流方式和文化传播机构是如何建构现实、规范人类的行为和建立某种固定的思维模式的。这种思维模式或者概念表现在对文化的理解中,有的甚至还以法律的形式出现。文化交流的方法涉及以下几个概念:

书籍的价值:印刷术发明之前,传教士们耗时数月,将文字手工抄写在造价昂贵的羊皮纸上,这让当时的书籍成为了最昂贵的商品。物质和文化价值密不可分。尽管印刷术的发明降低了书籍的物质成本,但并不能降低书籍的文化价值。

书写的手艺:印刷业的兴起使得图书出版成了一个需要专业技术

人员的新行当。排版、印刷和装订都需要专业技术人员，直到现在，许多作家还受此观念影响，将写作看成是"一门手艺"——当然，顶尖的大师级作家另当别论。

作者和版权：从手抄书稿到机器排版印刷，作者与作品之间的距离被不断拉大——马歇尔·麦克卢汉指出，这就是文字文化对社会组织造成的影响。[1]"作者"这个概念现在指的是创造篇章的人，其实这两个字的内涵在历史的发展中是渐渐发生变化的。《圣经》等宗教文章对作者的定义就比较宽泛，只要是对一篇文章的成型有所贡献的，或将前人的作品汇编在一起，再加一点自己观点的人，都可以算作是该文章或图书的作者。印刷品的生产、传播和使用的不断规范化使得作者这个概念的内涵不断地发生着变化，最终成为了法律文件中的"版权所有者"，这是私法的雏形。

信件隐私：信件隐私是个人信件递送业务发展产生的新问题。只有价格便宜、"递送及时"，递送信件系统才能够竞争过原来的信差服务。世界上所有的法治国家都规定信件隐私必须予以保护。违反相关法律条款就要受到法律的惩处。与很早就开始的信息监控不同，"保护信件隐私"在君主立宪时期才开始以法律的形式确定下来。德国的基本法中列有专门针对"保护信件隐私"的章节，并规定个人

---

[1] 麦克卢汉（McLuhan，1962）

隐私"不可侵犯"。但该章节的第二段中又规定，国家可以出于保护"自由民主的社会秩序"，在法律允许的范围内适度干预个人隐私，或者在国家和民族安全受到威胁的紧急情况下采取秘密措施了解个人信件的内容。

如果仔细观察我们就会发现，文化传播机构中涉及隐私保护的问题也很多，接下来我们就详细说明一下这些问题。

语言的标准化：学校教授标准语言和正字法规则，因而在形成一个民族的语言习惯和规则的过程中扮演了很重要的角色。尽管学校并不是语言发展的推动力（经过数百年的发展，新高地德语在众多的方言中脱颖而出，逐渐成为了标准德语[1]），但却是学习语言的最佳地点和途径——尤其是对于孩子们来说。孩子们在学校学习书面语言运用规则、正字法规则、标点符号使用规则以及语言表达规则，尽管这些规则在语言学领域和社会学领域仍有争议，但对于孩子们来说，这些规则将会在未来的很长一段时间内起到举足轻重的作用。

阅读教育：学校教育是建立在书本的基础上的，这样的模式容易给大家带来这样的印象——教育就只能通过书本这一种媒介来实现，通过阅读和书写，学生才能获取知识。但现在情况已经发生了很大

---

[1] 贝什（Besch, 1987）

的变化，我们可选择的媒介越来越多：电影、电视、网络……

文章的权威性：与"阅读教育"这个概念紧密相连的就是文章的权威性。具备权威性的文章指的是那些权威科学家或作者撰写的教科书和著作，通常我们在高中或大学的时候接触过它们。只有对某研究对象的分析过程以及得出的结论足够客观可信，这本书才会成为该领域具备权威性的专著。上述对权威性的定义表明：一本书只有在一定领域范围内才能体现其权威性。

学术论文的真实性：论文作者是学术论文中最重要的组成部分。论文作者不仅要对论文的内容负责，而且还要保证论文中涉及的研究方法、研究过程和研究结果——也就是整个研究工作——都真实可信。如果一篇文章被大家公认为学术论文，那么就意味着，它已经自动被定义为了具备"内容真实"这一特点，尽管有时候论文中的观点也会受到其他科学家的质疑——但这并不代表该论文就不具备真实性了，这种质疑只是客观存在于我们探索真理的必经之路上而已。

知识的静止篇章性：学术交流的内在机制使得参与交流的科研工作者们可以以书面的形式将交流的成果记录下来。每一位科研工作者在其丰富的科研实践中都运用到了各种展示知识的手段，有些手段对于科学研究来说甚至是不可或缺的，比如做实验。尽管如此，他们仍然认为，把知识通过论文的形式展示出来是最基本的展示知识的途径[1]。一经发表，学术论文就不可再进行修改，不久之后，就可以在网上对其进行检索——这就是所谓的静止篇章性。

知识的系统性：要使图书馆里的图书方便查阅，就必须遵守一定的摆放规则。图书馆按照不同的内容对知识进行分类后，再将同一知识领域内的相关图书放置到同一间阅览室里。这种分类不仅有利于管理和查阅图书，还能够让知识变得更加系统化。当然，这种分类方式只是众多分类方法中的一种，还有许多其他的方法可供选择。

知识就是财富：图书馆是一个收集、使用和存放图书的地方，这也就意味着，知识是可以被搜集起来的。图书馆可以帮助我们累积知识，将其分类、存储起来，这样就可以防止我们将有用的知识遗忘，同时也方便我们随时查阅。人类的知识总量在不断增加，因而知识储备也必须不断地进行更新与整合。

合适的出版社：出版社的目标是让本社的出版物在社会上引起尽可能大的反响，从而吸引更多的读者，打开更大的市场。出版社的出版模式分为两种，一种是按期连续出版期刊或报纸，另一种是普通的一次性出版。无论哪种模式，出版社对出版物的影响都非常大。

---

1 布雷德巴赫（Breidbach，2008）

一篇文章只有发表在与之匹配（年限、名气和版面）的报纸上，才有可能出名，而对于一本书的作者来说，选择了合适的出版社本身就已经成功了——至少原则上是如此。当然，影响出版物是否出名的因素有很多。

出版自由：出版社的社会地位会因为出版自由而得到提升，出版自由本身就是一种财富，能够为我们带来伦理和道德上更多元的价值。

言论监控：有很多言论监控行为违反了言论自由和社会规则，严重的甚至会构成犯罪。当然，不是每一种言论控制行为都是犯罪行为，只有那些旨在逃避法律制裁或掩盖罪证的言论控制行为才构成犯罪。

文字给一个民族带来的文化烙印有多深，大家的理解各有不同。媒体哲学家马歇尔·麦克卢汉认为，西方文明（如个人主义、民主、新教、资本主义或民族主义）的发展始终伴随着印刷术的不断发展和阅读的不断普及[1]。但米歇尔·吉塞克却认为，文字的作用体现在两个方面[2]：其中一个作用是，只有用出版的书籍将民众的思想统一起来，所谓的文明国度才能够形成。另一个作用是，将历史看作是积

---

1 麦克卢汉（McLuhan，1962:154）
2 吉塞克（Giesecke，2002:224）

累的过程，是存放人类过往经验的图书馆，而不是重复和毁灭的过程。所有图书出版业从业者都错误地将文化认知的形成看作是"大众传媒的结果"。回顾整个出版业的发展历史，我们可以发现，尽管出版业促进了语言文字的发展，但同时也削弱了人类的直觉思维、交流能力、批判思维以及融入周围人群和环境的能力。[1]数字化时代到来之前的文字出版依赖于出版设备和出版机构，这样一来，出版商们就可以根据自己的理解对出版物进行二次加工，从而达到引导公众思维角度和行为模式的目的。或许随着数字化时代的到来，传统纸媒对我们的影响会越来越小，网络将代替传统纸媒成为引导舆论走向的新媒体。

---

[1] 吉塞克（Giesecke，2002:260）

4 数字化和数字文化的推动力

自计算机发明以来，文字就数字化了。计算机使用者只需按一下键盘，屏幕上就能出现相应的字母。但要保证实现这一看似简单的行为，计算机的各个部件都必须运行良好。计算机的中央处理器、存储器和其他部件之间传递的信息都是建立在二进制码的基础上的，也就是数字0和1。这两个数字之间的转换是通过通电／断电、正极／负极、开灯／关灯来实现的。最初的计算机信号是通过开关的打开／关闭或在纸条上打孔／未打孔来实现的。计算机屏幕上显示出来的每一篇文章、每一幅图画、每一部电影和每一段声音，都是由一长串0和1组成的数字组成的，或者简单点儿来说，是以比特为单位，存在于计算机内部的。通常情况下，我们是看不到这串编码的，因而我们也无法直接操控它们，但我们却可以通过下列方法让它们展现在眼前。

用文字处理软件Microsoft Word打开任意一篇文章，将光标放在任意一个字母的后面，再同时按下"Alt"和"C"键，该字母对应的编码就会显示出来。举一个例子，将光标放在小写字母k的后面，再同时按下"Alt"和"C"键，小写字母k就会被unicode编码"006B"所代替。这就是小写字母k对应的十六进制编码，计算机就是通过这一编码识别出小写字母k的。与大家所熟悉的十进制逢10进一位不同，十六进制是逢16进一位。十进制从0到9所对应的字符数量有限，因此就从字母表中挑出6个"符号"加入：A代表10，B代表11，C代表12，D代表13，E代表14，F代表15。到了数字16——十进制是到了数字10——就必须向前进一位。十进制数字46在十六进制中就变成了"2E"——2代表两个十六，即32，E代表14，两者相加就是46。

将十进制变为十六进制的意义何在？为什么要用字母来代替十进制中的数字？个中缘由还要从十六进制本身的特点说起，那就是每一个字符都是由4个比特组成的。4个比特如果只用0和1来显示的话，那么每个比特就只有两种可能性，不是0就是1。4个比特能够代表的字符数就为2×2×2×2=16，即16个，而十六进制的基本代码也刚好是16个。用0和1进行编码的是二进制编码体系（基本代码2个），十进制和十六进制也是同样的道理。读代码时，第一步先数一下代码中有几个符号；逢进位就向左进一位。数字代码231在十进制代码系统中是1加3乘以10（第一个十的幂）加2乘以100（或10×10也就是10^2，第二个十的幂）。在二进制中，我们从0开始，数到1后就必须进一位，因此，数字2就要用二进制代码"10"来表示：0加1×2（第一个二的幂）。数字3就要用二进制代码"11"（1+1×2）来表示，数字4对应的二进制码是"100"（0+0×2+$1×2^2$），比较大的数字则必须用4个代码来表示，如"1111"（1+$1×2+1×2^2+1×2^3$），这一串代码代表的就是15。15在十六进制中就已经是最大的了，用字母F来替代。十六进制中的F可以换算成二进制代码"1111"。前面例子中的小写k的代码（"006B"）换算成二进制就是16个比特代码。前两个0（十六进制）换算成二进制就是"0000"，6是"0110"，B（十进制是11）是"1011"。因此，小写k的二进制码为：0000000001101011。计算机就是通过这一串数字来识别出小写字母k的。

4.1 数字编码

二进制编码系统的发明者是戈特弗里德·威廉·莱布尼茨。莱布尼茨做过奥古斯特公爵图书馆（Herzog von Braunschweig-Lueneburg）的图书管理员，他是历史学家、数学家、哲学家、神学家和享誉世界的工程专家，也被称为最后一位"通才"。自他之后，再也没有任何一个人能够同时在如此多的科学领域里都取得很高的成就了。[1] "莱布尼茨之于德国就如同柏拉图、亚里士多德和阿基米德之于古希腊"，百科全书派代表人物德尼·狄德罗（Denis Diderot）如此评价道。[2] 莱布尼茨将二进制系统称为上帝的杰作，他认为 1 代表了上帝的语言，0 代表空无一物。[3] 1696 年，莱布尼茨将自己的这一想法介绍给了鲁道夫·奥古斯特公爵（Herzog Rudolf August），公爵听后非常兴奋，将一块刻有数字 1 到数字 15 二进制码的奖牌颁发给了莱布尼茨——但二进制真正的意义何在，其实莱布尼茨自己也并不十分清楚。莱布尼茨将介绍二进制的论文投给巴黎科学院，但却被院方以未能论证二进

---

1 有关莱布尼茨的简介请参看赫尔什（Hirsch，2007）及芬斯特、冯·登·霍尔夫（Finster&van den Heuvel，1993）。

2 引自芬斯特、冯·登·霍尔夫（Finster&van den Heuvel，1993:140）。

3 赫尔什（Hirsch，2007:335）。有关莱布尼茨数学作品的意义请参看 Reydon 等（2009）。

制的实际用处而予以退稿。尽管莱布尼茨非常气愤，但他还是对论文进行了修改，在论文中加入了二进制系统的数学运算方法，并尝试着用数学方法来解释中国传统的易经八卦，易经共有64卦，每一卦都是由长短不同的两条线构成的。莱布尼茨认为这两条线就是二进制。1705年，莱布尼茨发表了最后一篇关于二进制的论文《二进制算数的说明》，这篇论文中仍旧没有提到二进制另外一个重要的应用领域：计算机。

直到那个时候，二进制编码还没有运用在计算机领域中。与声音和图片不同，以一定顺序和形式出现的数字和字母在传递信息方面非常方便——尤其是在19世纪中叶电报通信技术发明之后，文字就以摩尔斯电码的形式出现了。摩尔斯电码有三种代码：划、点和停顿。随着电报通信技术的发展，人们需要一套传递每个符号所用时长都相同的代码系统——这套新的电码系统应不同于靠时间长短来传递信息的摩尔斯电码。1870年，法国工程师埃米尔·波特（Émile Baudot）首次发明了一套由数字、字母和标点组成的二元编码系统，提高了电传打字机传输文字的速度。[1]电传打字机是传真机和因特网出现之前最重要的信息传输设备之一。电传打字机通过电话线与其

---

1 二进制编码的早期历史请参看赫尔曼（Heilmann，2010:196-215）。

他电传打字机相连。在一台打字机上输入文字，相同的文字就会从另一台与之相连的打字机上打印出来。

第一台电传打印机所使用的波特码是五位编码，到了20世纪60年代，七位编码出现了，这就是美国信息交换标准代码，缩写为ASCII。早期的计算机是电传打印机的辅助设备，因此，发明这些编码的初衷并不是为了在计算机上使用，更谈不上应用在现在的某些电子设备（比如智能手机、平板电脑）上了。ASCII编码涵盖的符号范围非常广，甚至还包括"倒车"（Carriage Reture，0001011）或者"打铃"（Bell，0000111）这种会吸引电话线那头人注意的指令——这一套功能强大的编码有助于更好地控制电传打印机。

ASCII码由7位二进制数组合，可以表示出128种可能的字符（$=2^7$）。这一编码系统能够显示许多条指令、标点、字符以及从A到Z所有英文字母的大小写，但却显示不了德语中的"Ä"，"Ö"，"Ü"和"ß"。除此之外还显示不了许多非拉丁文的文字符号，比如希腊字母和西里尔字母、韩文和日文中的音节文字或中文中的意音文字——ASCII编码系统中缺少上百个文字系统中的上千种特殊字符。鉴于此种需求，ASCII码由最初的7位二进制数组合变为了8位，又在原来的字符基础上增加了128个字符。经过了改进的ASCII编码系统才能在与其他编码系统激烈的竞争中占有一席之地。

亚洲文字有一套独特的编码系统。20世纪90年代，飞速发展的计算机科技急需一套与之相匹配的、统一的编码系统，Unicode编码系统应运而生。Unicode编码系统为16位编码，随后又发展为32位。16位编码可涵盖的字符数为65536个（$=2^{16}$），可将世界上现有的各种语言中的文字字符和特殊字符都涵盖在内[1]。大部分计算机使用的都是Unicode UTF-16版本，引文中提到的小写k的Unicode编码——正式书写方式应为"U+006B"。UTF-16中大部分的位置都为中文字符所占用，4E00到9FCC之间的21000个字符均为中文字符。你可以用本章开头所说的方法试一试：在文字处理软件中输入52A3，按下Alt+C组合键，就会显示出汉字"劣"。UTF-16中有些代码对应着具体的字符——有些则为空或是占位符。

UTF-16编码系统中的位置已经足够多了，32位版本对应的位置则更多，有40亿个位置（$=2^{32}$），这些位置足够显示出世界上现存的所有符号，比如哥特时期的文字、古埃及文字、楔形文字、古代汉语文字、数学符号、纸牌和多米诺骨牌上的符号，以及无法理解的迈锡尼线形文字和其他成百套文字系统中的各种文字符号。由此

---

[1] Unicode官方网站是http://www.unicode.org. 网站上以"编码表"的形式将各种语言的文字字符和特殊字符都一一对应了起来。

可见，Unicode编码系统简直可以称得上是一套文字符号的记录仪，从古至今的每一种人类文明的文字符号都能够被收录进去——当然也包括ASCII编码中操纵电传打印机的那一套控制符号。

计算机记录数据的编码方式多种多样，二进制数字系统用于记录文字符号，存储图片、声音、图表和视频信息。除此之外，数字编码还可以用来记录模拟数据。所有存储在计算机中的数据都有一定的标准，比如图片的标准是JPEG，音频的标准是MP3——你可以在照片或音乐文件名的扩展名找到该文件对应的标准（".jpg"".mp3"）。数字编码还可用于输送计算机控制命令，所有的计算机命令都是以数字0和1的形式存储在计算机中的。计算机内存中的所有数据都是一样的，某一串代码到底是文字还是操作命令，只有运行了才能知道。因而，数字编码的缺点也就显而易见了，如果没有能够解读编码的计算机，那么那一串串代码就毫无用处。我们人类理解不了这些数字信息，只有依靠计算机，才能了解这些代码的含义。

除了上述缺点之外，数字编码还有两点优势。由于数字编码能够通过机器予以识别，因此计算机的功能非常强大，它们可以计算数字、撰写文章或修改图片——这会大大提高人类的工作效率。关于这一方面的内容将会在下一段中作详细介绍。数字编码的第一个直接优势就是：数字编码中的错误会被计算机直接识别出来，并予以修改。这一过程是如何实现的？请你设想一下，用8位二进制代码来表示一个字符，那么这串代码中1的个数就是固定的。这样一来，一串代码中1的个数一旦发生变化，尽管我们并不知道错误发生的具体位置，也不知道这串代码中有几处错误，但仍旧能够在很短的时间内判断出这串代码为错误的代码。计算机最大的优势就在于能够准确识别出错误的位置，并对其进行修改[1]。将数据存储到硬盘上、发送电子邮件或从网络上下载电影都有可能发生数据传输错误。通过在后台运行的程序，计算机能够将其中的大部分数据传输错误识别出来并予以修改。如果计算机没有这种数据修复功能，那么一条MP3格式的音频经过5次拷贝后听起来的效果还不如一盘音乐磁带。如果数据传输错误太多，就会发生音频卡顿、视频无法解码或者数据打不开等现象。

数字编码的第二个优势我们在每次打开网页的时候都能享受得到：数字数据是可压缩的。尽管数字编码的基本单位0和1所占用的存储空间非常小，但内存大小和传输速度始终都是非常紧缺的资源。只有压缩过的图片才能通过网络进行传输，才能在网页上同时显示出多达20张的图片。计算机能够瞬间将一张数码相片压缩到原图大

---

[1] 马克·考密克（MacCormick，2012:60-79）

小的百分之一[1]。压缩后的图片不再以点为单位进行存储,而是以相同颜色的面为单位进行存储,相同颜色的面所对应的代码是一样的,在表示这幅图的整串代码中只需出现一次即可。按照这种压缩方式压缩后的图片会失去部分细节。无损压缩可用于文字文件压缩。最常出现的符号对应的代码就最短。[2]这就是信息学中最重要的方法,只不过我们作为使用者觉察不到而已。

无论数字数据存储在何种媒介中,上述两方面优势——纠正错误代码和压缩大小——都能起作用。现如今计算机中的数据都是以电能(内存)、磁极(硬盘)或显微镜下才能看清楚的DVD存储轨道的方式来存储的。第一台现代意义上的计算机是1941年由工程师康拉德·楚泽(Konrad Zuse)发明的Z3,Z3配有电能机械开关(电磁继电器)。该计算机发明之前,数据存储的媒介只有纸张和电影胶片,纸上的每一个孔代表代码1。

莱布尼茨发明二进制码的时候就已经知道这套系统一定能够用在机械计算器中。莱布尼茨用小球来代替1,依靠重力作用进行运算[3]。如何实现数字编码不重要——重要的是数字符号是用怎样的规则进行

1　JPEG格式转为RAW格式。
2　压缩算法请参看马克·考密克(MacCormick,2012:105-121)。
3　赫尔什(Hirsch,2007:335)

排列的。这就涉及数字化最重要的一条规则——数字化不依附于任何一种媒介。数字化的数据可以保证在不同媒介之间进行传递的同时不丢失自身的特点。

4.2 图灵机时代

如果说古登堡于15世纪在欧洲发明的活字印刷术开启了一个"古登堡星系"的话,[1]那么500年后的艾伦·图灵(Alan Turing)也开启了一个新时代[2]。这位英国数学家是一位天才发明家,是当之无愧的计算机和人工智能之父[3]。第二次世界大战中,图灵发明的封闭式无线通信技术帮助联合国军解密了德国的通信网络,令德国的潜艇失去了在北大西洋的统治地位,保证了美国到英国之间的海运路线畅通无阻。随后,图灵又参与了英国计算机技术的研发工作,提出了"人工智能"这个全新的概念。图灵还是一名长跑健将,他差点入选1948年的伦敦奥运会英国战队。但图灵的晚年生活却十分悲凉。作为一名同性恋者,图灵遭受了严重的迫害,甚至还被判了刑,要

1　麦克卢汉(McLuhan,1962)
2　"图灵(Turing)-Galaxis"与"Gutenberg-Galaxis"这两个概念都是考尔(Coy,1994)引入的。
3　关于阿兰·图灵的一些研究可以参看郝哲思(Hodges,1994)。

免受牢狱之苦，就必须接受雌激素注射"治疗"。1952年，41岁的图灵死于氰化物中毒，具体原因不详，或许是他不堪忍受折磨而选择了自杀。

1937年，图灵发表了一篇题为《论数字计算在决断难题中的应用》[1]的论文，该论文对计算机技术的发展产生了极为深远的影响，挑战了当时最经典的理论。论文中讨论了用某种运算方法随时解决数学运算问题的可能性[2]。但要将这种运算方法运用到计算机中就需要作进一步的讨论：计算机中的每个问题是否都对应着一个解决该问题的程序？这一方法既直接又实用。由于图灵生活的那个时代还没有一台能够验证这个想法的计算机，因此，图灵只能将自己的想法表述为一个用来替代人们逐步进行数学运算的虚拟机器——这就是著名的"图灵机"。自此之后，图灵机就成为了算法的代名词。按照图灵的设想，图灵机有一条纸带，每一次运算都会激发纸带中的某一部分。但纸带终究是有长度的，无法显示所有的运算，总有些运算是无法进行的。

如同古登堡将书写过程机械化，图灵也将运算过程机械化了。受图灵的启发，后来的计算机设计者们对计算机作了进一步的改造——

---

[1] 图灵（Turing，1937）
[2] 马克·考密克（MacCormick，2012:174-198）

将程序和数据均放置于内存中。数据可以是数字,数字代码也可以转换为其他形式的数据,比如文字、图片、声音、视频数据等等。对于计算机来说,这些不同的数据是没有任何区别的,都是一串串由0和1组成的代码,计算机通过程序对代码进行组合。从一开始,计算机就不仅仅是运算机器,而是数据处理器。[1]自动处理数据的能力是数字化最重要的动力:这就是所谓的自动化的含义。信息学家沃尔夫冈·考尔(Wolfgang Coy)称之为计算机应用的第一步[2]——计算机就是能够运行程序、存储和输出数据的机器。早期的大型计算机与黑匣子一样,都是封闭运行的,工作时不能人为地进行干预。自动化包含各种数据——先是数字和计算,然后是文字,再是图片、声音、视频等其他数据。所有可以被编成数字代码的数据,都可以参与到自动计算和控制过程中去。

25年之后,计算机技术又上了一个台阶。道格拉斯·恩格尔巴特发明的鼠标就是其中最典型的例子:输入不同类型的数据,对计算机进行直接控制。计算机成为了一种可以为普通使用者所操控的机器和工具。键盘、鼠标这些输入工具将人类能够识别的数据——数字、文字、图表——输入到计算机中,在人机之间搭建起了一座沟

---

[1] 关于图灵在早期计算机技术发展中的角色请你参看蒂森(Dyson,2013)。
[2] 考尔(Coy,1995)

通的桥梁，这是计算机发展史上的里程碑。

第三个台阶就是20世纪90年代开始的网络化，也就是全球信息网的发展。早期的计算机之间就能互相传输信息，20世纪60年代末出现的因特网技术大大扩展了传输信息的范围。[1]单个计算机中的数据通过网络进行传输，结成了一个信息互通、功能共享的大网。而计算机就是我们进入这个大网的媒介。

自动化、数据输入和网络——这就是数字化的动力，科学家们用了25年才使之成为现实。现如今，这些技术已经被运用到了每一台电脑及每一部智能手机之中。如今的计算机能够自动处理许多类型的数据，比如自动修改错别字、按照投资金额计算利润等。当我们在计算机操作界面新建一个文档，或用图表制作软件绘制一幅设计图时，计算机就是工具。当我们发送电子邮件或在网络上查询电影信息时，计算机就是媒介。计算机功能异常强大，几乎无所不包，可以称得上是机器中的战斗机。早在图灵时代，我们就已经体验到了计算机的强大功能。抑或是，计算机让我们体验到了它的强大。

---

[1] 互联网的历史请参看布恩茨（Bunz，2008）。

4.3 数字文章

数字化很快扩展到了文字领域。计算机中的第一篇文章就是程序指令，程序指令是由人书写出来的，但却必须由计算机来运行。程序指令无影无形：它在穿孔卡片上跳跃、被输入到计算机中、又立刻转变成可运行的程序。研究计算机篇章处理史的退尔·赫尔曼将这个过程称为"与孤独症患者之间的邮件往来"。[1]将"程序内容保存在计算机里，使其与电脑屏幕和键盘实现交互"这一想法出现的时间非常晚。第一次尝试将机器语言翻译为自然语言的过程与之基本相似——文字在打孔机进行编码，从电报机中输出。过了许多年，键盘和屏幕才成为了电脑的基础设备。1960年，数字设备公司（DEC）发明了程序数据处理机1号PDP-1，这一机器的功能介于当时已出现的打孔机、电报机和当时尚未出现的键盘、屏幕之间，是它们之间的过渡技术。PDP-1号的使用者可以直接将指令通过键盘输入到机器中去，系统会将处理结果直接打印在纸上——这是计算机首次拥有了打字机的输入功能。[2]在此技术的基础上，科学家们研发出了第一代简易文字编辑器，发明出了第一套可用于书写和修改文

---

[1] 赫尔曼（Heilmann，2010:103）
[2] 赫尔曼（Heilmann，2010:131-135）

字的程序：Colossal Typewriter。

早在20世纪60年代的恩格尔巴特时期，我们就已经能够在用户界面上对文字进行处理。本书引言中所描述的场景就是这个系统的第一次试验。[1]恩格尔巴特也是第一个断定计算机处理文字的功能要远远强于打字机的人。他从一开始就致力于让计算机实现文字修改、补遗、订正、转换和删除整段文字等功能的研究——打印在纸张上的文字只能实现其中的部分功能。基于这一设想，他发明了一套系统，这套系统可以选定某段文字并挪动它的位置，还可以令文字显示在不同的屏幕区域中。除此之外，恩格尔巴特还发明了新的硬件，通过改进操作系统实现了人机交互，这一新的硬件就是鼠标。1968年，鼠标、窗口和"点击"共同构成了网络系统，这就是PC机的前身。之后新成立的公司，比如苹果和IBM，都借鉴了这一概念的核心内容[2]。20世纪80年代开始，Xerox Alto、苹果公司推出的Lisa和Macintosh、以及Microsoft Windows第一版都使用了直接能用鼠标操作的用户界面，并将其作为衡量计算机质量的标准不断进行改良。

这套用户界面能够将人类可识别的文字直接显示在屏幕上。除此之外，用户还可以直接在用户界面上修改、删除和移动文字。文

---

1 赫尔曼（Heilmann，2010:155-168）
2 巴蒂尼（Bardini，2000）

字编辑器还必须具备优化文字界面的功能，即加粗、斜体等。这些附加功能的目的就是要让屏幕上所显示的文字与纸张上的文字尽量相近，使得用户在视图中所看到的文档与该文档的最终产品具有相同的样式，即"所见即所得"的原则，该原则的英文缩写为"WYSIWIG"。

WYSIWIG并不是处理文字的唯一方法。在使用用户界面之前，计算机也能编辑和打印文字。这一过程是通过操作命令（所谓的"转义字符串"）实现的，将命令输入到计算机中，与计算机相连的打印机收到这些指令，就能够根据指令在原文中插入一段文字、换行或加粗。如果用户需要的文字格式仅限于此的话，那么就不需要用到文字编辑系统，简单的文字编辑器就能满足用户需求。但这种文字处理的弊端在于，只有当文字被打印出来之后，用户才能知道自己输入的指令是否正确，是否达到了预期的效果。

使用这种文字处理方法过程繁琐，每台打印机还必须有一套自己的转义字符串。如果打印设备的型号与计算机型号不相匹配，那么用户在计算机上输入的指令，就不能被打印机所识别。随着计算机技术的发展，计算机逐渐承担了部分指令转换的功能。用户输入模糊的指令，计算机中的转换程序将这些模糊指令加工成具体的操作指令，传递给打印机。用户使用的这些模糊指令逐渐形成了一套文字处理的固定标准。1986年，国际标准化组织（ISO）和德国的标准化组织（DIN），发布了一套便于信息管理的国际通用标准，即标准通用标记语言（SGML）。[1]"将一段文字加粗"在SGML中表示如下：

<Absatz>Ein Absatz mit einem <fett>herausgehobenen</fett> Wort.</Absatz>

本条指令开头的<Absatz>与结尾的</Absatz>共同框定了加粗文字的范围。指令中使用"Absatz（段落）"这一具有实际意义的词汇作为标识可大大减少编程者的工作量，同时也易于他人理解和习得。除此之外，我们还可以看到，<fett>和</fett>（fett是加粗的意思）这两处指令是夹在上述的段落指令中间的。这种相互嵌套的指令极为实用：<Absatz>指令让计算机识别出需要加粗的段落的特征，比如字体"Arial"，字体大小"11"，字形"正常"，行间距"1.2"。所有符合该条件的文字都包含在"Absatz（段落）"指令之内。如果要将这些文字"herausgehoben（凸显）"，就要将原本的"正常（normal）"修改为"加粗（fett）"，其余的保持不变。结束指令</fett>表示本段文字之后的文字字形继续保持"正常（normal）"不变。

20世纪80年代，SGML为出版界广泛认可。1990年，英国计

---

[1] 罗宾（Lobin，2000a）

算机科学家蒂姆·伯纳斯·李（Tim Berners-Lee）将SGML运用到了万维网（World Wide Web）网页编码中。现如今网络上的每一篇文章使用的都是SGML或在其基础上发展起来的新标准[1]。这样一来，我们再也不用为操作不同的打印机而发愁了，只需直接在计算机界面上编辑文字即可。无论台式机桌面的窗口大小，无论浏览器用的是火狐、Safari、Chrome还是Internet Explorer，无论是在智能手机还是ipad上——文字显示都能够毫无障碍地适应不同的显示器设备，根据不同的显示器自动调整文字的大小和字体、间距、行距和位置。电子文字没有固定的样子，我们可以根据自己的需求对其进行修改。电子文字的这一特点使它具备了印刷文字不可能具备的优势：内容和形式分离。

形式可以在多大程度上独立于内容而存在，我们可以从另外一套与SGML并行发展的语言中了解到，这套语言就是所谓的"排版语言"。排版语言是自然语言和电脑语言之间的桥梁——即文字的软件代码或程序编码。1938年出生的计算机科学家、斯坦福教授唐纳德·克努特（Donald E. Knuth）从24岁开始就致力于排版语言的研究，最终创造出了一套能够详细描述计算机编程细节的排版系统，撰写出

---

[1] HTML是SGML的应用，XML是简化后的形式。

了一本名为《计算机程序设计艺术》的学术专著。[1] 该学术专著共7个部分，12个章节，到目前为止出版了六又二分之一，每一部分都有300～900页，撰写这部皇皇巨著就是唐纳德为之奋斗一生的事业。唐纳德55岁时辞去了拥有高额报酬的教授职位，注销了自己的电子邮件，一心投入到撰写这一专著的工作中。业余时间他会演奏管风琴放松心情。唐纳德在其位于加利福尼亚州帕罗奥图市的家中摆放着一架两层楼高的管风琴，这架管风琴共有812个键，17个音区。

在撰写专著的过程中，唐纳德发现，该排版系统在书写公式等样式复杂的内容时并不能够达到印刷标准。于是，他决定给计算机发明一种能够与传统印刷术相媲美的新排版软件。与"所见即所得"的文字处理软件不同，新软件能够将使用者的设想以命令的方式全部输入到电脑中。唐纳德花费了9年时间，最终于1986年发明了"TeX"（口语中称为"Tech"）软件系统。将文字通过该系统输入计算机，输出的文字格式就能达到印刷质量，比如PDF格式。所有的排版都由该系统自动完成，文字输入者只需输入指令告诉计算机输入的每一段文字想要达到什么效果即可。TeX最适合编写方程式和图表。比如下面的数学方程式：

---

[1] "The Art of Computer Programming"。至今已出版了四册（1968，1969，1973和2011）。

If $\prod_{i=1}^{n} p_i^{e_i}$ is the prime factorization of x then
$$S(x) = \sum_{d|x} d = \prod_{i=1}^{n} \frac{p_i^{e_i+1} - 1}{p_i - 1}.$$

用"所见即所得"的文字处理软件编写这样的方程式非常困难，但用 TeX 编写则只需输入如下这串每个符号都能在键盘上找到的指令即可：[1]

If \$\prod_{i=1}^n p^{e_i}_i\$ is the prime factorization of \$x\$ then \$\$S (x) = \sum_{d\vert x} d = \prod_ {i=1}^n {p^{e_i+1}_i – 1 \over p_i – 1}.\$\$

尽管我们需要记住一些固定的指令，知道括号应该打在什么地方，但这仍然比文字处理软件的效果要好很多。比如在软件中，输入反斜杠"\"及后面的"\sum"或"\prod"就能够显示出 Σ 和 ∏，将数学方程式转化成一串简单的符号，下标用（"_"）来代替，上标用（"^"）来代替。使用该软件编写出来的方程式整洁美观——每个符号的大小、位置、间隔都适中，分数线的长度也恰到好处。除此之外，该软件还能处理符号之间的一些特殊关系，比如：在 TeX 界面

---

[1] 这个例子来源于 TeX User Group 的主页 www.tug.org/texshowcase/。

中进入输入，第一次输入的n和i = 1都出现在连乘符旁边，而第二次输入的n则出现在连乘符上方，第二次输入的i = 1出现在连乘符下方。这是由于，第一次输入时，符号是线性的，第二次输入的时候，符号则是以方程式的样式展现出来的。

从上述例子可以看到，将内容和形式分开不仅可以适应不同形式的输出设备和媒介，还能够借助一套相对易读的符号系统来帮助使用者实现目标。这一软件使电子文字既能为计算机所识别，易于被人类理解和习得。[1]

电子文字最大的特点就是其多样性，比如形式多样。当然，多样性还可以体现在内容上。无论是展示在大屏幕上还是在电视机上，电子文字都是摸不着的，它们只是一些由光影制造出来的效果。电子文章中的文字可以被修改、删除、加粗和淡化。屏幕就如同文字的舞台，读者仿佛是在看一场表演。可以显示电子文字的媒介有很多，如广告牌、电子屏等等。除此之外，我们还可以将电子文字做一些动画处理，比如使用Powerpoint或Keynote等软件，可以将文字制作成一部动画电影。古登堡提出的"运动的文字"就此有了新的含义。

---

[1] 关于数字文本的特点以及媒体科学研究的特点请参看博尔特（Bolter, 2005）及克莱梅（Krämer, 2005）。

4.4 数字化交流

数字化改变了文字。与数字编码一样，电子文档也可以被计算机自动处理，与其他各种形式的数据进行混合，再通过互联网与其他计算机中的电子文档进行连接。它们形式多变，内容"灵活"，可以根据输入者的意愿进行改变。文字逐渐成为了交流行为中的一部分。阅读和书写是通过文字、文字的媒介和书面文字的出版技术实现的，电子文字也是如此。此时我们就得弄清楚一个问题，电子阅读和书写过程到底与传统的阅读和书写过程有何不同。

计算机既是工具又是媒介。撰写电子文字必须使用计算机，没有计算机的帮助我们是不可能处理这些电子数据的。通过计算机实现阅读和书写具备以下三个特点，这三个特点也被称作是"图灵机时代"的计算机特点，即自动化、数据集成和网络化。自动化阅读的意思是，能够完成阅读过程的不仅是人类，还有计算机。计算机是如何阅读的，我们如何将计算机的阅读与人类的阅读相结合？计算机支持下的人类阅读会是什么样子的？倘若阅读的对象不仅仅只局限于文字，还包括了诸如图表、图像、视频等新型数据，那么阅读过程会如何"起作用"呢？篇章的形式对内容的理解有何影响？最后的问题是网络化。与其他人一起阅读会发掘出阅读行为在社会层面上的重要意义，因此，如果我们在阅读的过程中与其他人建立了联系，那么我们是否应该换一种方法来研究被阅读的文字？我们是否想阅读那些朋友和熟人喜欢读的东西？这些问题将会在本书的第7章中予以详细分析和解答，帮助大家了解当今科技发展背景下这些问题的答案，及其未来的发展趋势。

我们还必须回答数字书写到底是什么的问题。文字的自动化为书写的自动化创造了可能性。计算机能够写出什么样的文章？人类写作时，计算机可以帮上什么忙？计算机技术是如何影响文字符号的输入、意义的表达、规则的遵循、篇章的风格和内容的？如果文章中加入了其他形式的数据，那么计算机要处理的数据就不仅仅涉及文字了。如何用计算机画图、制表、做模板？在"多媒体"的支持下，我们还能够做到全面考量吗？运用网络化进行书写是什么意思？通过网络连接起来的计算机真的能够在写作上实现协同吗？这样会产生什么样的文章，这样的文章又如何影响我们对书写的理解？这些问题将会在接下来的章节中予以详细讨论。

篇章是人类文化的载体，同时也是社会文化交流的一部分。通过前几个章节的讲述，我们已经知道了手抄时代文字是如何被复制的，以及这种造价昂贵的手写书籍是如何限制知识传播速度的。印刷术发明之后，书籍出版的速度大大加快，同时，书本的造价也得以降低。印刷品的传播与存储设施也都逐渐健全了起来。发展至此，书本一直都是一种可以被出版、被存放在书架上、被售卖甚至被销毁的实体商品。文字以纸张为载体，供人们翻阅——一经出版，书本中的文字就不需要任何修改，它只"活"在人的思维中。

　　与纸质文字不同，只有通过计算机才能将电子文字的生命力唤醒。计算机中的数字编码软件负责将一篇人类才能读懂的自然语言篇章显示在屏幕上或打印在纸张上。书写一篇电子文章，我们则需要一台能够将人类输入的自然语言符号转化为数字编码，并以一串二进制代码形式存储起来的计算机。在这两个过程中，该软件都要参与其中并对篇章进行修改，以提高阅读和写作的效率以及舒适程度。人类读到的是计算机已经读过并显示在大屏幕上的文字，而人类写出来的是计算机在内存中写出来的文字。现在的我们已经习惯了用计算机进行阅读和写作，而满足这一习惯的前提条件是有电、有网、操作系统正常、阅读和书写软件正常。这其实就是现如今的IT行业要完成的目标，IT行业从业者们也是靠这个来养家糊口的——使用一台计算机也是需要钱的。

　　我们之所以愿意为这些额外的花费买单，正是因为用计算机进行阅读和书写为我们带来了极大的方便。一篇电子文章几秒钟内就可以被准确无误且免费地复制出来，并且可以在同样短的时间里输送给世界上每一个使用计算机上网的人。电子文章存储只占用计算机极小的内存——一台笔记本电脑中就可以存储超过十万本符合印刷质量的图书,这几乎等于一个图书馆的藏书量了。区区几平方厘米的内存条上就能存储1.5万本图书。这对于中世纪那些靠手工抄写书籍的传教士来说几乎是不可想象的。文章复印、传播和存储的设备都是针对纸质书设计的。而电子书则全部都是信息,没有相对应的物质实体,因而需要诸如网络这种全新的媒介来完成复制、传播和存储任务。我们是否有必要建造用于存储数字信息的大楼、数字图书馆、大学和出版社?数字化阅读和书写会对传统的文字文化设备和机构产生何种影响?我们将在第9章对这些问题进行详细解读。

4.5 数字文化

现如今我们生活在一个什么样的文化中?传统的文字文化机构还没有消失,我们的周围仍然有许多印刷厂、图书馆、中学、大学、出版社等文化机构。当然,这些文化基础设施和机构早已受到了数字化的冲击。印刷厂、公司、商店和仓库里到处摆放的都是联网的计算机。所有传统的文字文化基础设施都为数字化所影响,各类文化机构也不例外:到处都充斥着电子书和电子数据。随着数字化的发展，中学和大学等文化教育机构也在不断地改革。这种变化表明，计算机对文化机构产生的影响正在逐渐增大。如果一直这样发展下去，数字化是否会终结传统的文字文化呢？

我坚信，离传统的文字文化消失还有很长的一段时间，文字文化的重要地位在现行条件下并不能被取代。文字是人类独有的文化，阅读和写作对人类文化的发展产生了巨大的影响。计算机的出现为文字文化增添了活力，但计算机也需要遵守一定的规则——本章中我们已经看到了这些规则：计算机可以自动编写、修改和压缩代码，将不同类型的信息整合起来，用网络化的形式进行工作。我们将这种工作方式称为图灵机模式。那么数字文化的发展趋势又将如何呢？

用计算机来处理文字和文章，使得文化交流双方不再仅限于人与人之间，而扩大到了人与计算机之间。人类处理文字信息的方式被计算机重新定义。人类缓慢的阅读和书写和对文章内容的深度解读为计算机快速的阅读和书写所代替。当然，最佳的状态是能将两者结合，这就是我接下来要讲的混合阅读和写作。

计算机将各种不同形式的信息以代码的形式存储起来。这种方式的数据集成使得使用者能够通过用户界面对不同的信息进行加工和处理。这就需要文字处理软件来充当人机交流的桥梁了。我们可以在文字处理软件中输入文字、插入图片，还可以使用网络浏览器、桌面排版软件及其他软件来处理文字和图片等信息。经常使用这些软件来书写，我们就能判断出哪些信息需要用哪些软件来编辑。我应该再写一段文字还是画一张图表？这里适合添加描述还是适合插入图片？除此之外，用计算机进行阅读，我们还必须回答下列这些问题：我第一眼看到的是什么？各个部分互相之间的联系是什么？这种结构有什么意义？这就涉及多媒体阅读和写作。[1]

网络化加强了计算机使用者之间的交流。交流是人类社会行为中很重要的一部分。在阅读和写作的过程中使用网络就会创造一种新的交流方式：间接反馈。网络扩大了社会阅读和社会写作的内涵。社会阅读和社会写作一方面指的是参与阅读和写作的读者和作者，另一方面还涉及文章本身：鼠标点击一下某个链接，就能与网络上的其他人建立联系——这种联系不是直接联系，而是通过文章链接建立起来的间接联系。

综上所述，数字化的三个特征是自动化、数据集成和网络化。电子文字的三个发展趋势是混合、多媒体和社会化。这三个趋势又引发了如下三个变化：处理文字不再是人类的专属技能，计算机也能

---

[1] 业内称之为"多模态"。相关内容介绍请参看布赫（Bucher, 2007），柏特曼（Bateman, 2008:21-106）及布赫（Bucher, 2011）。

够处理文字；构成文章的单位不再只限于文字，还有代码；撰写文章不再是一个人的事情，而是众人智慧的结晶。人和机器、文字和代码、个人与他人——这就是数字文化的构成要素。

5 阅读新方法

使用电子阅读器时我们会发现，它好像知道读者刚刚浏览过哪些内容似的，能够在文章旁边显示出相应的图片，地图上的某部分区域会突出或淡化。德国人工智能研究中心（DFKI）在这方面做了很多研究。这并不是魔术，而是源于一个非常简单的想法：阅读中的眼动追踪。拉尔夫·彼得特（Ralf Biedert）发明的eyebook里的装置EyeTracker就是用来实现眼动追踪的[1]。眼动追踪系统很早就有了，但既昂贵又难用，因此几乎只服务于科学研究。如今，这种情况已大为

---

[1] Text 2.0系统及eyeBook系统相关信息可参看http://www.text20.net/。

改观，eyebook就是明证。Eye Tracker隐藏在屏幕下方非常隐秘的地方，一般使用者根本发现不了它的存在。一旦检测到阅读者的眼睛凝视屏幕，eye Tracker就会启动，辨识出阅读者的眼睛到底盯在何处。

眼动追踪系统不仅会使电子文字显示在屏幕上，而且还能够检测出阅读者是如何阅读的，从而根据阅读者不同的阅读习惯对屏幕显示进行调节。为了实现这种阅读方式，DFKI研究团队设想了多种功能，比如解释单个词语含义：如果检测到读者在阅读一篇英语文章时，目光在某一个单词上停留的时间长于其他单词，那么系统就会自动将这个单词的释义显示在旁边。以及翻页功能——根据读者的阅读速度自动翻页。还有一个专门为速读者开发的功能：系统将某些重要词汇（名词、动词、形容词）加粗放大，其余词汇淡化缩小，这样就有利于阅读者在很短的时间内掌握段落大意。除此之外，该软件还有朗读功能，请你盯着一个单词，询问计算机这个单词应该怎么读（注意发音要能为计算机所识别），计算机会用合成的声音来回答你。

eyebook如今还停留在试验阶段，普通消费者无法在市场上购买到。输入到eyebook中的文章必须经过特殊处理，才能实现这么多的功能。但它仍旧向我们展示了未来的电子技术会让阅读发生多么大的改变。现如今市场上已经有了一些类似的系统，这些眼动监控系统不仅能为我们提供一种全新的阅读体验,而且会在未来的阅读中越来越不可或缺。挪威科技公司Tobii发明了一款完全依靠眼动来操控的平板电脑。[1]该系统能够帮助高位截瘫患者实现自主阅读、书写、上网和交流。

5.1 电子阅读

电子阅读就是利用计算机进行阅读。计算机的功能不仅是将一串串二进制编码转化成人类所能够读懂的自然文字,而且还能完成一定的阅读任务,比如翻页。电子文字大大改变了人类的阅读方式,文字载体对阅读方式的影响自古有之:卷轴一面被展开的同时,另一面就被卷起,阅读者能够同时看到两面上的文字,而一本书则只能一页一页地阅读。

现行条件下,人与计算机之间的交流主要通过键盘和鼠标这两种设备来进行。哪一种设备最适合人机交互,一直是计算机发展的核心问题。从20世纪70年代键盘和鼠标发明之后,各种输入设备层出不穷,如触摸屏、手势识别等等。所有这些输入设备的目的都是

---

[1] http://www.tobii.com,http://www.tobii.com/en/assistive-technology/global/products/hardware/

将数据存储到计算机之中。

日新月异的计算机技术使得计算机的外观不断地发生着变化。20年前计算机的主流还是台式机，随后就变成了笔记本电脑。从2007年开始，苹果手机及各种智能手机逐渐占领了市场——计算机从过去占据两层楼的"巨无霸"，变得越来越轻薄，速度越来越快，内存也越来越大。随后，平板电脑又占领了市场；平板电脑将笔记本电脑和智能手机结合了起来。与平板电脑同时风靡市场的还有E-Book电子阅读器——这是一种屏幕亮度低、耗电量小、易于操作的电子书阅读设备。2014年，一款新的头戴式显示器投放市场，这是谷歌公司的新发明，相当于把一款外观像眼镜一样的智能手机戴在了头上。这些外形奇异的新型设备成为了人机交互的新媒介。只需点一点头或者说一句"你好眼镜"，谷歌眼镜就能启动。[1]所有这些设备都能显示文字，这也就意味着它们都能通过文字进行操控。

这些不同的设备向我们展示了不同的人机交互方式。最初我们通过按压键盘上的Scroll键实现上下移动和翻页，但这种阅读方式让我们又退回到了卷轴时代，只能一页页按照顺序往下阅读。20世纪

---

[1] 关于"谷歌眼镜"请参看http://www.google.com/glass/，关于眼镜的操作请参看http://support.google.com/glass/。

80年代发明的鼠标改变了这个状况。只需在计算机屏幕窗口上点击几下，就能够从目录页直接跳转到电子书中的任何一个章节，如果想要找到具体的某一页，只需直接拖动鼠标，就能够找到想看的那一页。

超文本链接比纸质书更有价值。1945年，计算机科学家们萌生了要把不同的文章链接起来，以便于我们在阅读时寻找到其他相关资料的想法（参看第10章）。用鼠标点击一个超链接，就能激活另一个文本。[1]实现这一效果的前提有两个：首先，该计算机的数据库中必须存储着大量的文本；其次，该计算机必须装配有能够将文本显示在屏幕上的文字处理软件。

古登堡时代也出现过超链接的雏形，即目录、关键词索引、脚注和引用，它们与超链接的功能基本相似。接入互联网的计算机及敏捷方便的鼠标使得我们非常容易从一个文本跳跃到下一个文本，就像"冲浪"一样。万维网就是现今世界上最著名和最大的超链接系统。早在20世纪60年代，哈佛大学研究员泰德·尼尔森（Ted Nelson）就已经有了创造一个功能强大的超链接信息系统的设想，他

---

[1] 超文本的经典著作是库伦（Kuhlen，1991），斯托尔（Storrer，2004）也从篇章语言学的角度对超文本进行了讨论。

设想中的这一超链接系统必须能够完成以下功能：复印、结算、资料管理、双向链接、用户自定义超链接等等。[1]他将这一系统命名为"仙那都"（Xanadu），仙那都是中国元朝皇帝忽必烈为自己建造的一座具有神话色彩的宫殿，马可·波罗将这座宫殿描述为一个童话般的地方。可惜的是，尼尔森辛苦地研究了几十年都未能完全实现这个童话般的美梦。现在的万维网只能够实现仙那都系统的部分超链接功能。[2]

超链接文本的阅读方式不同于"普通"文本的线性阅读方式。读者在阅读带有超链接的文本时，并不是按照作者安排的顺序进行的，而是读者自己决定要先点开哪一个链接进行阅读。但阅读超链接文本时，读者有可能会失去对全书梗概的把握——忘记最初那篇文本的语境，忽略最重要的信息，陷入到浩如烟海的文字中去。因此，对于超链接文本来说，最重要的就是提供一个索引目录。在互联网这个最大的超链接文本系统中，这个索引目录就是搜索引擎。搜索引擎将与关键词相关的各个文本按照相关程度从大到小进行排列，以供读者选择。搜索引擎还能够记录下读者的查阅路径，当读者需要返回上一个文本时，能够顺利地实现返回。

---

[1] 尼尔森（Nelson，1993）
[2] 拉尼尔（Lanier，2014）

所有的这些都不能解决我们在阅读超链接文本时最主要的问题：超链接文本不是按照线性顺序（比如小说）来安排的，任何人都无法安排超链接文本的顺序。因此，超链接文本往往并非是一个意义完整的整体，读者必须自己寻找出文本中各个部分之间的关系，脑补信息。假设你正在阅读一篇描述意大利旅游风光的书，如果按照传统的线性阅读顺序，了解到作者都去了哪些地方。其次，再跟随作者的"脚步"，在欣赏罗马城和罗马艺术品的时候，追忆一下佛罗伦萨和在这两个城市都留下佳作的雕刻大师米开朗基罗。如果这篇文章是超链接文本的形式，任何一个部分你都可以任意点击，你就可能在阅读罗马风光之前先看一看佛罗伦萨这部分内容——当然也可以不这样安排。事实上，罗马这部分内容的作用正是引出后面的佛罗伦萨和米开朗基罗。阅读超链接文本时，如果读者想要得知书中这两部分之间的关系，就不得不自己补全这些信息的空白之处。因此，超链接文本一方面为我们获取信息提供了极大的方便，另一方面需要读者做更多的功课才能深入理解文本。

减轻读者负担最好的方法就是按照读者自己的方式对文章的不同部分进行动态重组后，再进行阅读。如何实现动态化，下一段将会予以详细论述。电子文章的外观是不断发生变化的，这是电子文章最大的特点。电子文章不再依赖于纸张这种固定的媒介，读者可以根据自己的喜好，使用不同的阅读软件和阅读器，组合出不同的阅读方式。举个例子，对于电子阅读器 E-Book，页数已经失去了意义，因为一旦字号或行距发生变化，页码就随之变化。到现在为止，还没有一个通用的电子文章引用方法。电子文章对于读者来说也是由一串串二进制代码组成的"虚拟"文章。即使知道电子书左下角的页码，这对于我们寻找文章中的某一处而言并没有什么用处——改变字号或缩小行距，要找的地方就会挪移。使用这种调试方法，电子文章就能够进行自动调整，将文本以最适合读者阅读及媒介显示的方式呈现出来。这不仅仅涉及品位问题，而且还能够适应更多特殊人群的需求——比如可以为视力有障碍的阅读者设计个性化的阅读界面。

现如今，选择平板电脑或 E-Book 作为阅读工具的人越来越多，这是一个由心理语言学家和书籍科学家组成的研究团队最新得出的实证研究结果。[1] 参与调查的年轻人和老年人对字号大小的要求不同，这会影响他们对文章的理解。科学家们用电子仪器记录下被调查者的眼动规律，用脑电图记录下大脑的活动。参与该调查的老年

---

[1] 克莱茨施马尔（Kretzschmar，2013）. 库尔、布莱希（Kuhn&Blaesi，2011）在其研究中展示了移动阅读设备的调查结果。

人和年轻人一致认为，这些阅读器给了他们最舒服的阅读体验。老年人和年轻人在理解力检测上的结果没有任何差异。当然，团队研究的结果并不仅限于此，眼动轨迹和大脑活动轨迹显示，老年人认为使用平板电脑的阅读感受比纸质书好得多，而年轻人在这方面的感受则没有那么强烈。这一结果表明，主观感受不一定与客观事实相匹配。印刷在纸张上的才能称之为书，有软木塞的才能称之为酒瓶，有乙烯基（黑胶唱片）的才是录音机，这就是约定俗成的力量，并没有具体的原因。

5.2 混合阅读

人类、文字、个体——这三个数字化文化发展的要素也同样适用于阅读。多样化、多媒体化和社会化是如何影响阅读的，其发展轨迹如何，我们将会在接下来的两段中对此予以详细讨论。

什么是混合阅读？我们首先可以将混合阅读理解为计算机阅读。电子文章、信息解码、二进制代码存储等步骤都是通过键盘输入实现的。要把纸质书转化为电子书，你可以使用照相机将纸质书拍下来，然后再输入到电脑中进行进一步的处理。用数码相机拍摄下来的一张张文字图片并不是电子书，它们仍然是图片，因为它们并不是由被计算机编码过的文字符号组成的，而是由不同颜色、亮度和饱和度的像素组成的。图片数据的结构与文字数据完全不同。将图片格式转化为文字格式必须要通过计算机软件来实现，这一软件就是光学字符识别软件。光学字符识别与扫描紧密相关。如果将纸质文字扫描成了PDF格式（未使用光学字符识别软件），那么在Acrobat上显示出来的就是图片格式——一个单词都不能识别出来。使用光学字符识别软件进行扫描，被扫描的文字就会以二进制代码的形式存储到计算机里，以供使用者复制和修改。谷歌公司将这项数字化技术应用到了Google Books项目中：先为纸质书拍照，然后再用光学字符识别软件进行扫描。两个步骤的结果都会被存储下来，这样一来，读者在寻找文章的同时，也能够找到最初的照片。

　　光学字符识别软件虽然使用方便，但其发展历程却十分曲折。这一软件解决的核心问题就是识别二维像素。不同的文字样式和印刷质量就会产生不同样式的字母——这里的文字样式指的是哥特体或书写体等，这就为人工智能研究中的模式识别带来了巨大的挑战。最初的光学字符识别软件只能够识别一种特殊的字体，这种字体仍旧存在于现在的文字处理软件中（Word 2000中的OCRA Extended）。彼时的计算机在字符识别上远远不如人可靠，因为人类阅读时识别的不仅是单个文字符号，还有符号之间的联系。理解了含义，读者便不必将字母逐个进行识别。但迄今为止，光学字符识别系统尚不能识别符号与符号之间的意义联系。

尽管如此，光学字符识别软件还是为我们开辟了一个新的应用领域。谷歌公司发明了一款名为Goggles的手机应用，这款应用支持视觉输入功能。在搜索引擎中输入关键词时，用户不仅可以使用手机键盘，还可以使用手机自带的相机进行输入。用手机拍下文章，照片将会被文字识别软件自动转化为电子文章。这款应用还可以为用户提供翻译服务和邮件发送服务。用手机拍下书的封面，就能查找出与该书相关的所有资料；用手机拍下标牌，就能在维基百科中添加信息；用手机拍下菜单，就能把菜名翻译出来。图片和文字之间的鸿沟几乎已经被该软件完全弥合了。

文字符号识别软件解决了将手写或印刷文字输入计算机的问题。但阅读的内涵并不限于正确识别文字符号。阅读能力还包括"被阅读的内容能对阅读者的思想产生影响"。要检验读者对文章的理解是否正确，我们可以询问读者这篇文章的大意。如果读者能够回答出来，这时候我们才可以说，这位读者"阅读"了这篇文章。对于读者来说，还有一个任务更加困难，那就是复述。制造联系，了解含义——这是我们人类所擅长的。而计算机的工作原理则恰恰相反：尽管计算机在理解文章内容上远远不及人类，但却能够在很短的时间内处理大量数据、搜索目标单词和段落。人能够读懂文章的含义，但阅读速度很慢，计算机处理速度快，却不能识别文章的含义。

　　从这个意义上来说，微软公司的搜索引擎Bing与谷歌公司的搜索引擎不过是具备强大功能的阅读机器而已——检索迅速，但智能化程度不高——这恰恰是人类所需要的。将智能化程度不高、但处理速度极快的互联计算机与速度慢、却能把握文章含义的人工阅读结合起来，这就是搜索引擎所发挥的作用。搜索引擎提供了上百万页的相关信息，我们只需从中找出所需即可。由于人类阅读能力所限，我们所看到的只是浩如烟海的计算机检索结果中的极小一部分。例如，假设你想要了解约翰·沃尔夫冈·冯·歌德的生平事迹，在搜索引擎Bing中输入了关键词"歌德"，前十条搜索结果涉及的领域完全不同：有歌德的维基百科介绍，有歌德学院，有歌德大学，还有关于歌德的电影。十条中只有四条[1]涉及这位德意志伟大诗人的生平和作品。我们通过浏览，就能从这十条信息中找到需要的信息，点击相关链接，就能进入相关网页。搜索引擎让我们的阅读方式变成了混合式——即人机互助。

---

1 搜索时间为：2013.8.28，16:30

目前尚未出现针对网页的机器阅读技术。搜索引擎通过网络爬虫软件在网上不断搜索新信息,通过一个网页上的链接打开另一个网页,然后再将这些网页进行分析,将关键词列入所谓的索引表中。当用户在搜索引擎中输入关键词,搜索引擎就会在索引表中查找该关键词,并将与该关键词相关的网页作为搜索结果加以显示。而以何种顺序显示搜索结果,这是一个非常有趣的问题。关于搜索结果排序的算法是各大搜索引擎开发商的商业机密,而搜索结果排序与关键词的相关程度则是用户选择某一搜索引擎最为重要的标准。谷歌除了核心排列功能,即PageRank算法之外,还有两百种不同的算法标准。[1]

输入关键词在计算机领域中称作信息检索[2],即在大量的信息中找出所需信息。信息检索的过程与速读过程一样,只不过这个速读过程是由机器完成的。其中的一个分支领域称为文本挖掘(Text Mining)[3],该技术与统计学密切相关。如果你想查找"wegen"一词的用法,你可以进入曼海姆德语研究所的官方主页进行查询。[4]从查

---

[1] 马克考密克(MacCoumick)(2012:24-37)
[2] 克鲁格·提尔曼、派尔加曼斯(Krueger-Thielmann&Paijmans,2004)
[3] 梅勒(Mehler,2004),赫尔(Heyer,2006)
[4] DeReKo是德意志语言研究所(das Institut für deutsche Sprache)研发的一款语料库,网址https://cosmas2.ids-mannheim.de/cosmas2-web/。

询结果中我们可以看出，wegen后多跟冠词"der"和"des"（出现频率分别为22.1%和11.3%），而三格形式"dem"的出现频率只有0.4%。[1] 这一分析结果表明：书面语中，"wegen"后面加三格是错误的，但三格形式也不是完全不存在。因此，制定语法规则的文法家们就要考量一下，这些少量的三格形式是否也应该予以承认。

文本挖掘是一个语言学概念，但我们却可以从统计学上对其进行分析，找出与关键词搭配最多的短语，构建出一个以该关键词为中心的意义网络。莱布尼茨大学的格哈德·赫尔（Gerhard Heyer）教授数年来一直致力于德语词汇的研究，他每天从网络上搜寻德语文本，将它们添加到数据库中，并进行统计学分析。[2] 该项目试图分析出，与某一关键词相关的词汇中，哪些词汇出现得最频繁。比如输入关键词"歌德"，就会出现相关词"约翰·沃尔夫冈"（假设这个搜索结果是用户想要的结果）、"席勒""诗人""魏玛""浮士德""莎士比亚""诗人贵族""色彩学""皇家最高法院""少年维特之烦恼"和"洛特"等词汇。约翰·沃尔夫冈·歌德这一词汇的这些相关词并不是通过人工方法结合在一起的，而是通过计算机

---

1 此数据来源于对书面语语料库COSMASII。
2 http://wortschatz.uni-leipzig.de/

对大量包含此核心词的句子进行量化分析得出的。只有大量阅读文字，我们才能够找出词与词之间的联系，而计算机则能将分析时间大大缩短。因此，赫尔在其著作中也将文本定义为"知识原材料"。

比如生物医药领域的文本挖掘涉及的就是从成百上千篇论文和研究报告中找出蛋白质和基因之间的关系。谷歌公司意识到了这种方法的潜力，成立了一家名为Calico的新公司专门研究癌症，他们的研究方法便借鉴自文本挖掘。[1]通过分析Twitter软件Tweets中的对话，甚至能够预测股票的价格。文本挖掘的实质就是大数据，而大数据则是信息处理领域发展的一大趋势。大数据就是将大量的数据搜集起来，用一些统计方法挖掘出这些数据中的内部联系。这些方法可被运用到搜索信息或预测结果中去。[2]

分析古老的历史文献也可以用到这些统计方法。比如谷歌的Books Project项目。2010年12月，一个跨学科的研究团队提出了一个新概念：文化组学[3]。他们运用文本挖掘的方法，用Google Books作为数据库，研究了其中的文化历史现象。该团队使用一个简单的评价软件，发现了一系列有趣的现象。在软件

---

[1] 鲍维泽、舒尔茨（Ballwieser&Schultz，2013）
[2] 盖斯伯格、莫斯斯达特（Geiselberger&Moorstedt，2013）
[3] 米歇尔（Michel，2010）

Ngram Viewer[1]中输入"自由"和"民主"二词，搜寻公元1800年至公元2000年之间的德语书籍，便会得到两条曲线，它们分别表示这两个概念在Google Books所收录的书籍中每一年出现的频率的变化情况。

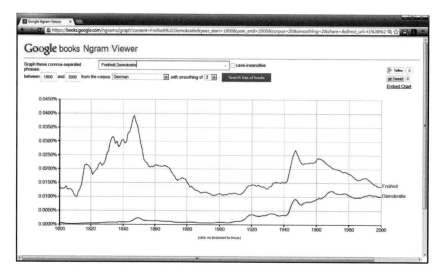

图1：德语词"自由"和"民主"两个词汇在Ngram Viewer中显示的图例

1　http://books.google.com/ngrams

该图显示，"自由"这个概念（上部曲线）和"民主"（下部曲线）在20世纪时是互相关联的，出现的频率走势也几乎相同。而在19世纪时，这两条曲线的走向则完全不同。非常明显，1848年的自由运动使得"自由"这个概念出现的频率达到了一个峰值，而在同一时期"民主"却几乎没有出现。用计算机对上百万本书籍进行统计分析的结果能够向我们展示一些人类通过阅读所不能获取的信息。人文科学领域有一种"空洞"研究方法[1]。德国数字人文科学的开拓者福地斯·扬迪斯（Fotis Jannidis），将这一方法引入到文学史的研究中。NgramViewer能够自动分析元素之间的联系，扬迪斯在软件中输入了上百篇小说。通过分析同一类型的词汇在不同篇章中出现的频率，他就能够分析出该篇文本来自于哪个时代、出自哪位作家之手。除此之外，软件还能分析出哪些词在某一段落中出现的频率最高，分析出某个文本的重点内容和叙述方式，总结出某个信息在文学史中的发展历程等等[2]。

到目前为止，我们已经了解了实现混合阅读的两种途径：文本识别和信息获取。本章开篇所讲的eyeReader，则是我们接下来要说的支持混合阅读的第三种途径。我们可以在计算机的帮助下运用eyeReader

---

[1] 英文称之为"digital Humanities"。
[2] 相关内容请参看扬迪斯（Jannidis）的主页（Jannidis，2013）。

进行阅读，但实现阅读的前提是要将电子文字显示在屏幕上。Word和Acrobat这种文字处理软件除了能够显示文字之外，还有许多可以简化阅读过程的功能，比如：改变文字大小、根据读者需求调整页面或简化导航。软件中的书签和注释功能也是用来简化阅读过程的。点击一下鼠标，计算机就能将电子文字显示出来，这就是混合篇章的功能。除此之外，混合篇章中的某些功能还可以简化阅读中的导航。

  但这些方法似乎都不能改变人类的阅读方式。一行行地显示在屏幕上的文字，和印在纸上的文字别无二致。屏幕上的文字按序排列，没有任何变化，仿佛是印于屏幕上一般。这种情况如今已开始发生改变。本文引言中所提及的eyeReader能够根据阅读者不同的阅读习惯自动变换文本的显示方式。首先根据眼动轨迹识别出读者正在快速浏览，再将一些与内容相关的实词放大加粗。

  有个软件可以将文字按照一定的顺序快速呈现于读者眼前，该软件的名称是"快速序列视觉呈现"（Rapid Serial Visual Presentation）[1]。在此软件中，文章被以单个文字的形式"存储"，读者可自行设定阅读速度。使用该软件的读者无需跳行阅读，因此也不需要专门训练阅读速度。[2]这种软件为我们将文字显示在小屏幕

---

[1] 勒科维斯特、固尔特斯坦（Oequist&Goldstein，2002）
[2] 免费的快速阅读软件FastReader能够帮助读者完成快速阅读。

上提供了可能性。运用这种方法在智能手机上进行阅读，每分钟可读完400～600字——不包括文本布局。这种快速阅读方法催生了一些新的手机应用。2014年，Spritz阅读应用首次将电子书用快速序列视觉呈现的方法移植到了智能手机上。[1]该应用的研发公司指出，这个应用还可以用在更小的屏幕上，比如智能手表或谷歌眼镜上，但这些小屏幕显示空间狭小，无法成段显示文字。如今Spritz应用已成为三星研发的某些设备的标准配置。[2]

  机器阅读能够帮助人们理解文本的含义。谷歌公司的浏览器Chrome就自带网页翻译功能。我们可以将某些以外语显示的篇章翻译成本国语言，当然，前提是我们得知道该篇章用的是什么语言，此外还得在计算机上预装翻译软件才行。Chrome使用的是统计翻译方式，该方法是基于"平行文献"的：先搜集用不同语言表述的同一篇章，再找出对应的要翻译的那个词汇。平行文献中的数据大部分来自于国际组织的官方文件，比如欧盟和联合国，因为这些官方文件的质量很高，以此为基础，翻译的质量也会非常高。机器翻译软件发展的历史几乎与计算机存在的时间一样长。网络上大量的篇章

---

[1] http://www.ibtimes.com/spritz-debuts-samsung-galaxy-s5-gear-2-could-app-revolutionize-reading-we-know-it-1559915
[2] Stand:2014.4.7, http://www.spritzinc.com/ 及 http://techcrunch.com/2014/04/01/spritz-launches-sdk-to-bring-its-speed-reading-technology-to-websites-and-apps/

使得机器翻译成为了可能，甚至连浏览器都能进行翻译。当然，机器翻译还谈不上质量，只在速度上占据优势——使用浏览器翻译软件进行翻译，欧洲人甚至都能看懂中文网页，并从中找出所需信息。

系统会自动选择一些更易于读者理解的文章。如果超文本系统可以通过评估页面的内容识别出读者之前读过的部分，那么下一页的内容就会自动进行调整。[1]在阅读一本电子版意大利导游手册的时候，如果读者没有查看过佛罗伦萨那一页，那么系统就会自动将米开朗基罗放到后文介绍罗马的页面中去。在文章展示中加入位置数据也能达到同样的效果。介绍一栋建筑的的文章的篇幅长短主要取决于读者是否站在这栋建筑前。系统对文本的自动整合主要取决于读者的信息需求。[2]

机器辅助阅读也有弊端。我们使用计算机的目的是将计算机中的二进制码转换为我们能够读懂的文字，也就是说，当我们阅读时，计算机在后台还在不停地工作。你有没有设想过，如果计算机也能跟着阅读，那会是一种什么样的情景？如果计算机能够准确把握我们的阅读习惯，知道我们喜欢读什么，不喜欢读什么，读什么内容的文章速度比较快，读什么内容的文章速度较慢，那该怎么办？如

---

[1] 也可以叫"智能超文本"，罗宾（Lobin，1999）
[2] 卡斯特森（Carstensen，2012:197-207）。自动整合系统诸如 Open Text Summarizer（www.splitbrain.org/services/ots）或 Text Compactor（www.textcompactor.com/）。

果计算机能够完全了解我们的阅读速度呢？如果计算机知道我们在阅读一部长篇著作时喜欢采取什么样的阅读顺序，或者读懂我们加入的注释呢？这并不是科幻电影中才会出现的情景，这已经成为了事实。[1] 请查看网页：https://kindle.amazon.com/most_popular。在这个网页中，你可以找到亚马逊售卖的所有电子书中最受读者欢迎的那些书籍。我们可以看到，Catching Fire 这本书的读者中，有17784人将书中的这句话"Because sometimes things happen to people and they're not equipped to deal with them"在Kindle阅读器中标示出来。[2] 这不是网络上的公开信息，它只是你私人阅读器中的信息而已！在不影响读者阅读的前提下，读者的个人信息就被搜集起来，通过电脑或移动终端上传给了亚马逊。

这些信息对出版商来说非常珍贵。通过观察这些信息，出版商能够看出读者阅读该书的方法。这些数据告诉出版商，读者阅读苏珊·柯林斯（Suzanne Collins）的《饥饿游戏》的平均速度为57页每小时，大部分读者在读完第一卷后会立刻下载第二卷。[3] 除此之外，出版商还能了解到，读者阅读一个章节的平均速度以及距离下一次

---

[1] 库尔茨（Kurz，2012b）
[2] 时间是2013年8月29日16点
[3] 阿尔特（Alter，2012）

阅读间隔了多长时间——作品类型不同、作者不同，相关的阅读数据也会不同。从美国第二大网上书店 Barnes & Nobel 的图书销售数据中，出版商可以得出以下结论：大部分读者在阅读篇幅较长的书籍时都会中途放弃。因此，出版商就更倾向于多出版一些篇幅比较短的、涉及各种主题的报告文学。

上述结果表明，阅读行为会对文本产生反所用。有些畅销书作家也深谙此道。就像电视节目出品方分析收视率一样，书籍出版商们也开始用同样的方法来分析图书市场了。在正式出版某本书之前，出版商会先向市场投放电子"测试书"，监控一下读者的阅读行为。但这种"监控"也会带来问题，比如这些搜集到的数据是否会被政府所利用，用于了解一个嫌疑人都在看些什么书及其可能受些什么影响。教育领域中，我们还可以通过这一系统来了解学习者的学习强度。计算机使得阅读变得更加容易和舒适，但同时计算机也控制了我们。而这正是"混合"阅读的一部分。

5.3 多媒体阅读

书面文字并不是一成不变的，它同样要符合视觉规律。这一点我们从书面文字的媒介上就能看出来——颜色、线条、图案、样式和照片、几何划分、不同元素结合。这些既存在于莱奥纳多·达·芬奇的手稿中，也存在于德语圈最著名的报纸《图片报》的网络主页上。但这两者并不完全相同，它们之间的主要区别在于，手稿时代，在手稿中加入图片或表格的造价十分昂贵，即使是在印刷术发明之后，仍然价格不菲；但数字化时代的到来却大大削减了成本。打印一张数字图片的费用不会很高，除此之外，制作一张动图也不需要花费很多。计算机将存储和处理结合了起来，Powerpoint或InDesign这类软件可以在文本中加入图表、图片、视频及其他的多媒体元素，只需用键盘和鼠标简单操作即可。电子文本方便插入和修改的特点催生了多媒体化趋势，这种文化趋势我们在各种媒介上都能看得到，如报纸和杂志、纪实文学、电视、万维网，甚至在某些公共场所里。《法兰克福汇报》在30年前就已经"视觉化"了，该报刊将新闻页面设计得更加多元化，在纪实文章中插入图表、信息栏，使整个文章看起来更加符合人类的视觉规律。除此之外，从20世纪90年代开始，网络也呈现出了多媒体化的趋势。[1]

　　电子文章不应仅是文字的组合，还应该是多种媒介"定居"的家园。随着多媒体的发展，多媒体规则逐渐成熟，这就要求读者进一步提高相关的阅读能力。[2] 通过单词理解句子，通过句子理解文章，

---

[1] 这种变化趋势可以在http://archive.org上看到，该网站中存储着从网络化开始到现在的许多文本档案。
[2] 史密茨（Schmitz）称之为"Sehflächen"。史密茨（Schmitz，2011），迪克曼森科（Diekmannshenke，2011）

这种阅读方法已经不再适用。在多媒体化趋势下，读者必须学会找出不同多媒体元素之间的意义联系，才能够正确理解整篇文章。请你想像一下《明镜周刊》的网络主页。该从哪里开始阅读呢？应该以什么顺序阅读呢？文章和配图有什么关系？哪些是新闻，哪些是链接，哪些是广告，哪些是导航？如果你有机会观察一个第一次浏览该网页的读者，你就会找到答案：这位读者的阅读顺序一定是和阅读印刷书籍的顺序一样，从左上到右下。

这种阅读策略效率并不高。因为最重要的信息往往是在网页的最中间，而周围的内容都是辅助性质的，甚至还有一些网页导航或广告等。网页中间最重要的部分往往只是一个段落或一张图片，而并非像报纸一样，将一整篇文章都放上去。但如果读者不具备网页链接的相关知识，也就无法理解这种设计的含义。这种网页中各种信息元素之间的关系是如何建立起来的，中学的作文课上并没有告诉我们答案。尽管如此，每位浏览网页的读者还是会根据经验来安排阅读的顺序。

事实上，读者一般都不会仔细阅读网页上的新闻，而只是大概浏览一下，搜集到重要的信息即可。[1] 我们是如何理解这些网页信

---

[1] 读者是如何浏览网页的，请查阅汉斯·约尔根（Hans-Juergen）的著作。

息的呢？这就涉及网页设计方面的知识了，美国媒体设计专家雅各布·尼尔森（Jacob Nielsen）从2006年开始就一直致力于该问题的研究。[1]在一次眼动轨迹追踪的研究中，他画出了受测者在浏览下列网页时的眼动轨迹：搜索引擎的搜索结果、新闻页、在线杂志上的一篇文章。尼尔森研究的主要问题既不是受测者阅读网页的顺序，也不是受测者在阅读每一处元素时分配的时间长短，而是对受测者的眼动轨迹进行整体评估。尼尔森使用统计学方法，找出受测者的目光在哪里停留的时间最多、哪里最少、哪里根本没有停留，并将结果制作成表格，网页上出现的各种信息单元都要在表格中区分开来。

还有一种更加直观的方法可以用来展示眼动追踪的结果，那就是热度图。将大家阅读时的目光在文章页面中停留时间的长短以"温度高低"来表示。受测者们的目光在某一点上停留的时间越长，这个地方就会越"热"，颜色就会越亮，而被关注次数较少的地方颜色则会比较暗。[2]通过这个软件，我们可以看出，搜索引擎的搜索结果页中，受关注最多的结果往往是第一条，因而第一条搜索结果就会很"热"，接下来是第二条、第三条。所有的搜索结果位于左边的都比位于右边

---

[1] 尼尔森（Nielsen，2006）
[2] http://www.nngroup.com/articles/f-shaped-pattern-reading-web-content/

的颜色亮。几乎没有人会将目光停留在最后一条搜索结果的右边部分。整体显现出来的效果类似于一个大写的F。新闻页的测试结果也是如此：位于最上面的最受大家关注，因而最"热"，有两到三条黄线，右下方最"冷"。最终的效果也类似一个大写的F。出现这两个结果都不意外！搜索结果页和新闻页非常适合浏览，读者在打开这两种网页时所抱的目的本来就不是仔细阅读，而是"扫"一遍，掌握主要内容即可。

  出乎意料的是，受测者在阅读具体的一篇文章时，还是显示出了F型效果。他们先看了文章的第一段，第二段只看左半边。这种F型阅读模式似乎被阅读者用在了不适合快速浏览的网页之中。关于造成这一结果的原因，尼尔森的结论是，79%的读者在阅读网页时都只寻找关键的词汇、句子或图片。读者浏览网页的目的就是想要"快速"获取信息，而当读者在使用纸质媒介进行阅读时，则会对阅读时间进行重新规划。浏览网页时，读者不知道自己会获取哪些信息，因而会采取浏览链接的方式以搜寻网页中是否有自己想要寻找的信息。只需点击一下链接，就会打开下一页。网页与网页之间存在竞争——点击一下鼠标就能获取新的网页，网络为读者提供的选择又快又多。这所有的一切都促使读者们逐渐形成了浏览式阅读网页的习惯。

通过这种方式，每位读者都能够理解网络超文本的内容。特里尔的多媒体科学家汉斯·约尔根·布赫（Hans Juergen Bucher）研究了众多信息文本后发现，几乎每一条信息文本的格式都不同。[1]读者必须寻找出网络信息之间的相互关系（指向问题），弄清楚网页中所展示的每一个元素之间的相互关系。哪些信息是相互关联的，哪些信息对你来说很重要，哪些信息是可以被忽略掉的（比如网页边框和分类信息）？指示信息可以如此解决：如何到达下一个信息单元——点击一下鼠标还是翻页，返回上一页还是查看菜单？我们阅读印刷书籍时，上述这些问题都非常好解决，而在阅读电子文字时，我们就需要仔细地思考一下，信息是如何组织起来的以及我们应该如何安排阅读顺序。

上述段落中，我们以网页阅读为例简单解释了阅读的多媒体化趋势。过去的二十年中，还有另外一种文章类型异军突起，十分受大家的欢迎：报告。电脑中用于报告的软件（比如Powerpoint和Keynote）连上投影仪，这种交流方式其实就是传统的幻灯片和高射投影仪的延续[2]。这种传递信息的方式来自于美军的发布会，并在第

---

[1] 布赫（Bucher，2007）
[2] 详细内容请参阅罗宾（Lobin，2009），关于报告的历史请参阅Pias（2009）。如何规划学术报告请参看科诺布罗赫（Knoblauch，2013）。

二次世界大战后逐渐扩展到了公司和大学里。Powerpoint，这种最常用的展示软件，其原本的设计目的是要简化高射投影仪。在很长时间之后，Powerpoint才具备了将幻灯片以全屏形式显示出来的功能。这样一来，我们做报告的时候就不用提着电脑，再带着幻灯片了。现如今的演示文稿大多数都是以一张张电子"幻灯片"的形式展示在我们眼前的，这些电子幻灯片中既可以插入图表，还可以插入图片、动画短片、音频和视频等内容。

报告形式的多媒体化演变受到了公众的大力追捧。现在几乎没有一场会议不做这样的报告。不是每个人都有时间或有能力精心准备一场报告，大多数情况下也的确如此。为了更高效地传递信息，我们可以把它们分割成许多部分，使它们能够通过邮件或多媒体发送出去。演示文稿主要包括以下内容：言语、文字和图像。好的演示文稿总是能把这三种元素很好地糅合在一起，让观者有一种欣赏话剧的感觉，最糟糕的PPT就是将每一页都打满文字。要做好演示文稿，就必须遵守以下原则：PPT不能像演讲稿，也不能像一本书，每一页幻灯片都应展示一个完整的主题。同时，好的幻灯片也应该能够引领读者的阅读节奏。在幻灯片中插入图表、图片和视频并不难，因此许多做报告的人都会用到这些手段。柏林的社会学家胡伯特·科诺布罗赫（Hubert Knoblauch）与贝昂特·施耐特勒（Bernt Schnettler）

将Powerpoint定义为"全球知识经济的缩影"[1]。多媒体已然成为了传递科技知识的新途径。

5.4 社会阅读

阅读是阻碍交流的。我们阅读时不能聊天，也看不见对方的脸，完全与外界环境相隔绝。阅读是一次非常艰险的认知之旅，需要大量的练习和控制。阅读时，我们必须聚精会神，将注意力完全放在文字上。尽管如此，我们还是可以找到合适的办法，让阅读过程变得灵活起来，不再阻碍交流。最简单的方法就是与他人共同分享，也就是把自己喜欢读的书介绍给他人，当然，也可以接受建议，阅读一些别人推荐的书。通过这种方式，我们就能在阅读中融入交流。阅读者还可以通过在书中加入标记或做笔记等方式，参与到下一位读者的阅读过程中去。总之，想要让阅读不再阻碍交流，就得与其他人共同来完成这个阻碍交流的阅读行为。

上述这些在阅读中融入交流的方法并不是创新。早在18世纪和19世纪的阅读会上，大家就是通过共同阅读和讨论来增长知识的。

---

[1] 施耐特勒（Schnettler），科诺布罗赫（Knoblauch，2007:279）

类似阅读会的其他（自我）教育团体，比如工人协会或手工业者协会最后发展成了德国社会民主党[1]。注释在书籍发展的历史中一直充当着传递内容含义的重要手段。现代的学术讲座其实就是从古代学者聚在一起针砭时弊发展而来的。几个世纪以来，教授们已经习惯于将自己的观点以注解的方式表达出来，随着时间的推移，他们才逐渐解放了自己，将"自由"的谈话整理成了学术报告[2]。同在一个班的学生上课时必须同时阅读老师在黑板上写的文字、同时阅读同一篇文章或进行翻译练习，这也是在阅读中融入交流的方式之一。人类是"社会动物"[3]，即使是"阻碍交流"的阅读行为也可以通过上述这些共同参与的活动变得"社会"起来。

　　数字化和网络化加速了阅读行为的社会化，使得社会化逐渐成为了一个明显的文化趋势。现如今谈到阅读，大家自然而然地就会说到"社会阅读"[4]。亚马逊不仅售书（还销售其他许多东西），而且还拥有自己的网络2.0平台，在这一平台上，读者可以将自己对所购买书籍的意见和评价写出来，在评价之后还可以添加追评内容（"这条评价有用吗？是／否"）。这样一来，书评者都有机会通过评价

---

1 丹（Dann，1981）及比尔科（Birker，1973）
2 吕格（Rueegg，1996:269-271）
3 布洛克斯（Brooks，2012）
4 普莱姆凌（Pleimling，2012）

扩大自己的影响、提升自己的名气。当然，网络运营商亚马逊也能从中获利，比如通过分析每个人的评价推断出客户的喜好，从而向客户推送定制的广告信息。还可以从这些免费的小广告中了解到每本书的市场热度和反响。在这方面做得最好的在线读书俱乐部要数Goodreads[1]。在该网站中，读者也可以撰写书评，对书籍进行评价，这些书评可以推送分享给社交网站如Facebook或Twitter上的好友和陌生人。还有一些特殊的平台可以将特定类型、主题或作者的作品推送给朋友。

如果阅读的对象是电子书籍，那么交流的载体就不再是有形的纸质书了。电子文本很容易拷贝和传送，有时候只需要一个链接就可以了。一个超级链接提示就已经具备了推荐的作用：点击一下这里，你就能知道这句话是什么意思。由此可见，从网络上获取电子文本是多么方便。Twitter或Facebook等社交网络上就有许多能引发读者兴趣的链接，而这些来源于朋友圈的推荐比来自于陌生人的推荐更能够获取读者的信任、激发读者的兴趣，因为在同一个朋友圈里的人，大家的兴趣爱好都有共通之处。Flipboard应用[2]就很好地利用了社交网络里

---

1 www.goodreads.com。该网站有2千万注册成员（2013.9.3），2013年为亚马逊所收购。
2 www.flipboard.com

的这种关系，将读者朋友圈里的推荐以一种恰当的形式组合在一起，制作成一本高质量的数字杂志供读者阅读。该款应用的有趣之处在于其新闻部分的内容，更有趣的是，该杂志的内容其实都是读者熟悉并且愿意相信的信息。Facebook也提供类似的服务[1]。

所有这些将阅读社会化的方法都能在阅读的历史中找到源头，现在的这些方法只不过是"老瓶装新酒"。但社会阅读确实是一个新概念。印刷文字具有排他性，只与关注它的读者进行"交流"，是封闭且独立的。只要满足计算机和网络这两个条件，电子文字几乎可以不受任何限制地与任何网络读者进行"交流"，完全不具有排他性。回忆一下前面提到过的将图片转化为文字的技术（参见5.2节第2段）就会发现，电子文字的交流能力已然被运用到了增强阅读的社会性中了。亚马逊开发的电子书阅读器Kindle支持读者在阅读的过程中加入注释和评论，这些评论会以清单的方式显示在亚马逊官网的读者反馈栏中。其他读者可以将这些注释下载到自己的阅读器中。这样一来，读者就能确定署着自己姓名的短评已经被发表在Facebook或Twitter上，朋友和"粉丝"可以进行下载，与该读者相关联的人也可以对下载到自己Kindle阅读器上的注释再次进行评论。

---

1 http://www.faz.net/aktuell/feuilleton/medien/facebooks-app-paper-mark-zuckerberg-liest-vor-12778774.html

有一点很明确，阅读过程中如此紧密的交流只有通过数字媒体才能实现，也就是说，电子文章必须显示在可变化的阅读器上，借用阅读器和部分网络设施的交流能力，才能实现如此高频紧密的交流。

这里可以举的例子很少。从thegoldennotebook.org网站中我们能够看到，一个由7位作家和文化记者组成的小组是如何共同阅读并品评南非诺贝尔文学奖获得者多丽丝·莱辛（Doris Lessing）的著作《金色笔记》的。部分评论像对话，充当了小说正文的附注。这7位评论员有意识地使用社会阅读形式的目的，就是为了将这些难以组织起来的评论整合在一起，以方便理解。除了上面这种共同评论一部作品的社会阅读方式之外，Readmill团队不久之前还研发了一种专门提高阅读社会性的电子书应用软件。该应用软件可以装在苹果的平板电脑和手机上，其功能与社交网络在提升阅读社会性方面的功能大同小异。苹果电脑和手机的使用者不仅能将自己对某篇文章某处的评论分享给他人，而且还能与朋友在诸如Facebook或Twitter这类的社交网站上建群，就此文章进行讨论。可惜的是，这一理念并没有带来经济效益：2014年春，只运营了三年的Readmill就被收购了[1]。

另一个增强阅读过程社会性的尝试是Copia[2]。它将电子书商店、

---

1 http://readmill.com/epilogue
2 www.thecopia.com

评论、对话和推荐都结合在了一起，还添加了阅读心愿单功能，整体系统与Readmill的电子书阅读系统类似。Copia的不同之处在于，它可以将购买到的书显示在不同的平台（阅读器、智能手机、输入板、手提电脑）上，需要的时候还可以提供打印版。用户还可以自行设置谁可以看到评价和对话，阅读组里面的成员可以精准地找到某一个人进行点对点交流。Copia还有一个特别的功能，可以只显示著名作家或时事评论家对某本书的评论，这些评论会起到锦上添花的作用，即用"大家之言"对"普通"读者的评论予以补充。著名网络评论家萨沙·罗布（Sascha Lobo）在2013年的图书博览会上向公众推介了一款图书平台软件。这款平台软件的功能与其他电子书商店提供的软件并无二致，都是依赖于网络和浏览器的。这也就是说，读者通过点击链接可以直达某本电子书的某一页进行阅读，这样一来，该书本身就成为了读者们讨论和网络交流的一部分[1]。

阅读社会化不仅可以在组群中实现，还可以通过同步阅读来实现。同步阅读流行的前提是越来越多样化的多媒体展示手段，如笔记本电脑和投影仪。当然，技术上的手段还有很多，比如将文字投影在电视屏幕上，这种方法可将观众的注意力都集中到所展示的内容上。

---

[1] http://sobooks.de/，http://blog.sobooks.de/was-ist-sobooks/

与以前的幻灯片投影相比，现在的投影技术简单易操作，不受塑料幻灯片的限制，只需要点击一下鼠标，就能将文字图片显示出来。正因为如此，使用现代投影技术的演讲家在演讲的过程中几乎感觉不到它们的存在，因而也不受它们的限制和影响——这也是现代投影技术与传统幻灯片投影最大的区别。所有这些技术上的发展使得每页幻灯片显示的内容越来越少，人们翻下一页的速度越来越快。同步阅读幻灯片需要搭配同步听讲座。而要加强演讲的交流功能，就必须在演讲的过程中引导观众同步阅读，并加入多媒体元素。

演讲是一种社会行为，以下的现象也能证明这一点。演讲本身就是一种交流方式——它能够引发听众或观众的评论和讨论。而这种评论和讨论往往能够延续至演讲结束后的很长一段时间。随着时间的推移，这种评论和讨论还会逐渐扩大，引发大规模的讨论和交流。在举办学术会议的同时，Twitter 上会出现一大批相关讨论——只要有 WLAN 和计算机。演讲者的作用不再是在这间房子里传递信息——而是让这些信息引起更大范围的讨论，激发同步信息的交换。

混合化、多媒体化、社会化——这些发展趋势在传统阅读中也同样起作用。它们改变了处理信息的方式，对某些信息特别适用，但对另外一些信息却并不适用。随着科技的发展，这三种趋势的内涵不断地发生着变化，阅读的方式也发生了翻天覆地的变化：比纸质书轻便得多的数字阅读器（如智能手机和电子阅读器），可以将整座图书馆都装进去。数字化令我们的阅读方式更加灵活，同时也使文字与我们的文化生活融合得更加紧密。现如今，各种电子文字随处可见。地铁站、火车月台、咖啡厅或会议室，到处都是拿着手机浏览的人。在各种数码产品未出现之前，这些地方最多摆放着一本书或一张报纸而已，大部分时候则是什么读物都没有。现代人阅读涉猎的范围渐广，阅读的方式也与以往完全不同了。

6 书写的新科技

书写需要载体。这些载体可以是一张纸或其他固体材料。书写工具将手的动作转化为一个个符号"存储"在载体上。手和载体被书写工具连接在了一起,这是理应如此还是另有原因?不接触载体,只用手,能不能完成书写?这个问题也是法兰克福大学的信息学专家亚历山大·梅勒及其团队的研究对象[1]。梅勒团队研究的是"用无接触手势代替鼠标来控制多媒体软件"的技术,这一技术可以让使用者对任意一张展示在其眼前的图片进行裁剪、修改和保存。这样

---

1 梅勒(Mehler,2013)

一来，我们就不需要昂贵的特制硬件作为载体了，只需要一款在本世纪头十年已经售出上百万件、单件还不到100欧元的设备即可，它的名字叫微软Kinect[1]。这是一款体感设备，长方体的盒子固定在电视屏幕上。该设备通过红外线传感器捕捉周围的物体及其在空间中的位置，准确度能精确到厘米。该设备最初是针对电脑游戏设计的。Kinect不需要使用任何控制器，使用者用身体动作和手势即可对游戏中的人物进行操控，这样就能营造出更加逼真的游戏效果。当然，该款设备也不一定必须要与电脑游戏相结合，我们还可以对其进行独立编程，比如加入语音识别系统。

  梅勒团队的研究成果可以被运用在博物馆的画作展区中。那里的环境和条件非常适合使用该技术：赏画者不用接触画作，只需站在手势识别区内做几个手势，就能识别出整幅画作或其中的一部分，甚至还可以通过手势来"表达"简单的意思。该技术所使用的手势并不像聋哑人使用的手语或像一门外语那样复杂，而只是一些我们在日常生活中使用的常用手势，比如"使两个物品接触"的命令手势就是"双手碰触"，"把一个物品装到另一个物品中"的命令手势就是"一只手做出容器的样子，把另一只手塞进去"。诸如此类的简单

---

[1] http://www.microsoft.com/en-us/kinectforwindows/

手势，再结合灵活的食指，就完全能实现"在空气中写字"——该技术可以识别出表达"我非常喜欢这幅图"或"这幅图与那幅图很相像"等意思的简单动作手势。结合语音输入后还能够识别出诸如"这是一枚硬币"等描述性的语言，比如：使用者指着硬币的同时说出"硬币"这个词。用同样的方式，我们还能表达出"这里的颜色和那儿的颜色不一样"。

Kinect体感设备能够完全捕捉到使用者的手势，并将其转变为句子，将语言评论以图片格式存储下来。WikiNect中许多用户的评价或描述都会被整合在一起，像维基本百科一样，显示在同一页网页上。WikiNect可用来书写真正的文字，亚历山大·梅勒将这种书写方式称为"手势书写"。当然，这种书写方式也需要载体——这就是存储文字的计算机。但输入文字却既不需要任何工具，也不需要碰触计算机。数字书写所用到的书写系统完全不同于键盘。本章中，我们将向大家介绍该领域最前沿的研究成果，让大家了解一下计算机到底为我们减轻了多少书写负担。

6.1 数字书写

文字是如何输入到计算机里的？答案很简单：通过键盘。计算机发展初期，人们就想通过电传打字机在计算机中输入程序和数据。电传打字机是一种远程控制的打字机，敲击一下键盘，文字不会直接显示在墨辊上，而是通过海底电缆以电子文字的形式进行传输。从现代计算机键盘上的字母排列位置可以看出，现代键盘的原型是19世纪的机械打字机。英语单词中连续出现频率最高的字母在键盘上的位置离得较远[1]。这样的设计是为了尽量避免机械打字机连动杆之间互相碰撞。机械打字机时代后期，有些善于思考的人想要对键盘布局进行改进，使键盘不再依赖于技术条件的限制。这些人的目标是使键盘上字母的排序同时符合语言的特性、人类手指的能力和打字时的人体工程学原理。道格拉斯·恩格尔巴特发明的Akkord键盘就符合这三个标准中的一个。键盘逐渐代替了原始的穿孔卡片，文字符号也能够以二进制代码的形式存储在计算机中。计算机将键盘输入的字符转换为由0和1组成的二进制代码（现在已经发展成为了16进制的Unicode码），并存储在内存中，这就是数字书写的基本流程。

过去需要我们用手操作的实体键盘如今已经为虚拟键盘所替代，这种虚拟键盘技术要求较高，需能通过识别手指按压压力，将字母

---

[1] 尤特柏克（Utterback，1994:5）

输入计算机内存。[1]触摸屏上的虚拟键盘理论上能供十指输入,但实际上,其有限的空间决定了输入时只能使用两个手指,比如智能手机。智能手机键盘输入时因误按造成的"错误"会被手机中的智能输入法进行修正,至于如何修正,我将会在接下来的段落中仔细讲解。智能手机出现之前,还有一种输入工具流行了一段时间,这就是手写笔。使用这种输入工具时,用户必须熟悉简化字。每个简化字都有对应的首字母,某些字母比如A或K还有对应的笔法,用户在输入时必须遵循这些规则[2]。

如今的智能手机上装载的文字输入系统均为T9系统。T9输入系统只有12个按键(10个数字键),但却能将所有的字母(包括大小写)、特殊符号(比如德语中的变音Ä、Ö、Ü及ß)及标点符号都涵盖在内。T9系统的原型可追溯到发明于美国的电话按键。数字"2"与字母A、B、C共用一个按键,数字"3"与D、E、F共用一个按键。因此,同一按键顺序既可以输入数字"233",也可以输入"BEE"(德语对应的单词为"Biene"),这样一来,数字与字母之间就建立起了新的联系。时至今日,我们仍在使用这一输入系统。如果将这

---

1 关于智能手机的发展请参阅http://www.spiegel.de/netzwelt/apps/android-schreibhilfen-fuenf-apps-fuer-mehr-tempo-beim-touchscreen-tippen-a-945244.html。
2 布特、伯格(Butter&Pogue,2002)

6. 书写的新科技 | 163

一输入系统反过来，不再用字母确定数字顺序，而是用数字确定字母顺序，就会使对应关系混乱。比如按下数字"2"到底会输出字母A、B还是C？刚发明手机时，设计者们用按键次数来代表不同的字母——按一下数字键"2"代表字母"A"，按两下"2"代表字母"B"，按三下"3"代表字母"F"等等。但这种操作过于复杂，需通过多次练习才能"熟练"掌握[1]，用户使用不甚方便。

而T9[2]输入系统所使用的语言模块则完全不同。比如用户想要输入一个德语单词，按下了数字键"23"，系统就能自动识别出这个单词的首字母肯定不是"AE"、"BD"、"BF"或"CF"，因为德语中没有以这些组合开头的单词，而是"AD"（比如"Ader"）或"AF"（比如"Afer"），"BE"（比如"besser"）或"CD"。如果用户在输入"23"之后再打了一个空格，那么最后输入的内容就锁定在了"CD"上——空格后又是一次新的识别过程。12按键输入系统再结合智能识别系统的输入效率非常高，用户在输入时几乎都能做到盲打。T9系统首次做到了用机械输入法完成电子文档的输入——即系统首先用算法对键盘输入的信号进行处理，再将处理后的结果（符合

---

[1] 根据2008年的记录，输入160个符号的最高纪录是41.4秒，http://www.youtube.com/watch?v=9JcLr0dVshM。
[2] 1998年美国T9的专利号是5818437。

语言规则的符号）展示出来。计算机首次以手机为载体参与到了人类的书写之中。

长期以来，书写都是一个需要所有手指共同配合才能完成的过程，并非单独使用一根手指就能操作。书写最古老、或许也是最自然的方式就是用手操控着书写工具（铅笔）在载体（纸张）上移动。握笔、运笔，文字便跃然纸上。用键盘输入文字则全要依靠手指的移动。当然，随着科技的发展，手写输入技术也日臻完善。恩格尔巴特发明的鼠标已经能够实现"在计算机显示屏上手动控制一个点"，但却不能完成手动书写输入。随着科技的发展，鼠标体积不断缩小，最终出现了手写笔。光点随着手写笔移动，就能在图形用户界面上实现手写输入。以此技术为支撑的手写计算机只识别手写笔笔尖划过的电磁路径，这样一来，就能避免手掌接触触屏导致的误输入现象（大面积接触触屏不会触发输入）。

这些用手写笔输入的字符图形尚不能算作电子文档，因为它们在计算机中并不是以Unicode编码的形式进行存储的，而是以数字图形的形式存储的。将图形转换为符号是计算机科学家们长久以来想要解决的难题（参看5.2）。每个人每次写出来同一字母的样子不尽相同，除此之外，手写字母还存在连笔现象，这就给计算机识别不同人的笔迹带来了更大的困难。现如今的计算机在识别手写字体

6. 书写的新科技 | 165

方面的能力已经很强了，因此市面上也出现了不少功能强大的手写输入计算机。随着科技的不断发展，手写输入计算机的重量越来越轻、体积越来越小，最后演变到与我们正常使用的笔大小相当，笔尖上还配有微型照相机。众多的智能笔产品中，LifeScribe 公司研发的 Smartpen 可以算作是佼佼者，该款智能笔甚至能在普通的纸张上直接书写出电子文档[1]。微型照相机被装配在了笔尖上。纸上铺着一层极为细密、几乎察觉不到的浅蓝色网版。书写时，智能笔笔尖其实就是在这个网版上来回移动，描画出一个个字符图形的。这项有趣的技术能将数字化书写的过程完全隐藏起来。用智能笔书写出来的文字要以数字符号的形式显示出来，这才是真正的"数字"书写。

手写体识别是实现数字书写的第一步。通过复杂的分析，计算机才能识别出连体手写字母，并将其转换为每个字母都有相应代码的数字符号串。首先，计算机必须能够识别出手写体，才能将其写入到内存中。识别手写体的技术手段很多。比如智能手机操作上的语音识别系统，只需按下特定按键，就能将语音信号转变为文字。这种语音识别系统不仅能装在智能手机上，还能装载在为苹果系统或安卓系统提供后台服务的大型计算机中。该大型计算机对语音进

---

[1] http://www.livescribe.com/de/

行分析后，再将文字传输到移动终端上。听写也是一种书写形式。某些研究机构里装配有能识别书写者眼动轨迹的系统，这种系统就是用来支持书写过程的。中国的科学家们还发明出了一套眼动监测系统，这套系统能够通过监测眼动轨迹，从大量文字符号中识别出正确的中文文字符号——有了这一技术，就能逐步实现将拉丁文转录为中文[1]。

　　用键盘输入电子文档始终是选择符号的过程，而不是制造文字的过程[2]。字体不是由书写者决定的，而是由计算机决定的。文字符号的每一种特性都是设定好的，包括字体、字号等。电子文档的形式和内容是分离的，这一特点在基础层面上体现得非常明显：文字符号本身是抽象的，不是以某一个二进制码形式存储的，而符号的外形则是变化的。还有一个与电子文档联系紧密的操作，我们将其称为"样式"——电子文档的固定样式，即将文字或文章中的某一部分设置成某种固定样式。这种样式我们称之为"文档样式表"（Stlysheets），其中包含的数据就能决定一篇文档的外观——这其实就是一篇没有内容、只有形式的文档。像 Word 这样的文字处理软件中都有模板。用户可以将一篇文章中的模板挪到另一篇文章中，直

---

[1] 梁（Liang，2012）
[2] 拉德凡（Radvan，2013）

接使用前人编辑好的现成文档模板，以减少工作量。

还有两种改变文档样式的操作，有必要在这里提一下：插入和隐藏。实现这两种操作的前提是文档中每一部分的样式都不同，并且每一部分都已经用标准通用标记语言SGML（参看4.3）进行了标记。只有满足上述条件，我们才能够在采用了同一标记语言的段落的开头或结尾继续补充符号。通常这一方法都是被运用在添加括号或其他标点符号，尤其是计数和标号上的。另外一种"极端"样式是将部分文章隐藏起来。比如将Word文档中"标题3"下的所有内容都隐藏起来，就好像这部分内容从来没有出现过一样。隐藏部分文章能够在用户下次重新使用该部分文字之前将其样式清除掉——我本人在写本书的时候就运用了这种操作。电子文档样式多变，用户可以根据需求随时添加或删除部分内容。在计算机内存中存储的文字符号代码，是实现上述所有操作的前提和基础。

内存中的符号也是可以改变的，这是数字书写第二大特别之处。用户可以对文档中的部分内容进行删除操作。与隐藏操作不同，删除操作针对的是内存中所存储的文字内容。在一篇电子文档中，用户可以在任何地方随意添加内容而不覆盖现有的文字，还可以将文档中的任意部分挪到文档的其他位置。要实现这些操作，在技术上绝非完全没有难度，因为删除了部分文字符号，内存中的其他内容并不能直接覆盖被删除内容所对应的存储位置。电子文档要么必须被无空格复制，要么通过线性地址表将每个部分与存储位置相对应。后者的好处在于通过删除地址就能清除内容。如果要将删除的内容找回，"被删除"的文字就可以配上新的地址插入原文。还有两种类似的文档操作，即插入和移动。电子文档修改需使用数据结构，总结起来其处理方法无非以下几种：插入、删除或移动。通过将处理文档的所有步骤都存储起来，我们就能理解编辑文档的整个过程。在Word中你很容易发现：用户在编辑一段文字的过程中，除了会不断地使用撤销键Ctrl+Z，还会使用Ctrl+Y将撤销后的内容重新恢复。文本编辑器Etherpad甚至可以将修改电子文档的过程做得像电影一样[1]。

  电子文档的另一个特点是，书写者不仅可以对单个文字的格式进行修订，还可以对整段内容进行修订。如果对段落、篇章、行间距和段间距、缩进、编号等都进行操作，那么电子文档的样式就会愈发多样。这就涉及电子文档的二维性，鉴于电子文档是二维平面的这种特性，鼠标是一种非常合适的控制器。电子文档具备多媒体特性：用户不仅可以用电子文档来展示文字符号，还可以在文档中插入一些非文

---

[1] 相关例子可以参看：http://edupad.ch/0tFv3TvwIZ."电影"可以通过"时间滑块（Timeslider）"来触发。

字的内容，如表格或图片等。即使用户在文本编辑器中输入电子文档之前不在文档样式表中对格式进行设置，输出的电子文档也是带有默认格式的。

如果仔细观察科技论文，你就会发现，在论文中加入多媒体元素要比纯文字文本清晰明了得多[1]。论文中往往要加入引用或提供佐证论点的论据材料。书写学术论文其实就是从其他论文中挑选出部分内容，对其进行重新组合，再结合自己的语言加以表达的过程。电子文档可复制、可排序，因此非常适合用来编辑学术论文。许多学生在学习的初级阶段尚不能掌握这种方法，即使他们已经具备了正常的书写和表达能力。书写能力的习得不仅需要文字表达能力，还需要文本编辑的技术。

6.2 多样化书写

书写过程的自动化特性，在处理文档时就有体现。除了输入、修改和编排格式之外，文本编辑软件还有许多文本自动化的功能。比如，当用户对标题进行编号时，只需连续编辑两个标题，下面的

---

[1] 相关内容可以参照迪克斯（Dix，2013）。

内容就能自动编号。文本编辑软件中还可以添加项目符号——数字编号或图形符号,该任务也能够由软件自动完成,不需要用户人工编辑。下面是自动修改功能:如果用户在输入时没有将名词的首字母或句子开头的首字母大写(德语名词的首字母和句子开头的首字母是需要大写的),那么,文本编辑软件就会自动将其修正为大写。文体编辑软件中使用的错误校正表单非常简单,用户自己也可以进行添加和编辑。同样的机制也被运用在了输入某些特殊符号上。在 Word 中输入"==>",会自动显示"→",输入"(c)"则会显示©。此外,印刷文本中的标点符号也可以用这个方法来输入,比如把减号("-")加入破折号("——")或引号("…")中。

如果真的能实现文本编辑完全自动化,那将极为有趣。如果处理的对象——题目、索引和插图——是做过样式标记的,那么文字编辑软件就能在文档中的指定位置,自动生成目录、索引表和插图编号表。如果要进一步进行编辑,用户还可以选择使用域功能:编写一组代码,引导 Word 在文档中自动插入文字、图形、页码或其他信息。比如在一篇 Word 文档中输入域指令"CREATEDATE*MERGEFORMAT",就会显示出当下的日期和时间,比如"10.09.2014 19:35:00"。域功能通过输入命令对格式进行了限定,输入的命令必须设定文档的某种或某几种特性(页码数、作者或其他信息,所有这些信息都会和文档的内容一起被自动存储在计算机中），且能够被域代码"INFO"调出阅读。如今文本编辑软件的功能早就不限于输入文字和编辑文档格式了；随着文本编辑软件的不断发展和传播，用户对其信任度也与日俱增，越来越多的人选择用计算机来处理文档，书写的方式自然也变得日益多样。未来的发展趋势很明显：计算机将会更多地参与到文档编辑的过程中，为文档的编辑提供智能化支持。

除了上述功能之外，文本编辑软件还有将语言进行标准化修订（即自动纠错）的功能。主要从三个方面进行自动纠错：拼写、语法和格式。拼写检查不仅针对单词的拼写，还可以在一定程度上对句子的上下文连贯性进行检查。当然，也不是所有的文本编辑软件都能区分出"Der Mann fiel/viel"和"Der Mann isst viel/fiel"之间的区别。对于语法检查，其效率并不是很高。一个句子中各个词之间的性数格（冠词、形容词和名词之间的相互联系）是否一致，文本编辑软件并不能很准确地加以检查，它只能查出一小部分的语法错误。为了提高语法检查的准确率，文本编辑软件必须具备分析句子语法结构的功能。但完成分析的前提是该计算机预装语法库。除此之外，分析语法也很耗时——即便使用该软件分析的是大型语言项目，其造价也略显昂贵。

统一文档中的缩写、计数及间隔功能对专业作家来说很重要。掌握了文字处理软件中的这些功能，用户就能使用该软件对文档进行自动纠错，统一文档格式，令文档内容更加统一、结构更加完善[1]。不过，文本编辑软件在解决文风问题上的效果极差。该软件在评估句子风格上使用的是统计学方法，即分析字长。事实上，要进一步提高文本编辑软件的文风分析能力，就需要结合某种篇章类型的结构规则对整篇文档进行语法分析。计算机科学家们已经设计出了专门用于检查商业函件的意义是否清晰明了的软件。文字处理软件LinguiLab（www.lingulab.de/）就是以此为卖点的，该软件能够对篇章中的形容词、外来词、套话、助词、官方语言、否定词、名词语体、被动结构和句长等指标进行检测。

统一文档风格还有一款非常好用的软件——Gendering Add-In，该软件是专门针对词汇的。受奥地利联邦妇女事务与公共服务部部长加布里勒·海因尼施·霍塞克（Gabriele Heinisch-Hosek）的委托，计算机科学家还在该款软件中加入了用于检测文档中使用的语言是否符合"性别平等"原则的功能[2]，它能检测出文档中的阳性名

---

1 比如Intelligent Editing的PerfectIT，WhiteSmoke（http://www.whitesmoke.com）或法语处理软件Antidote（www.driude.com/antidote.html）。
2 http://www.frauennrw.de/nachrichtenarchiv/j2012/m01/pm12-01-27_officetoll-geschlechtergerecht-schreiben.php。该软件下载地址：http://gendering.codeplex.com/。

词,如"Forscher(研究员)"或"Bibliothekar(图书管理员)"。一旦这些表示职业的阳性名词被检测出来带有性别歧视的味道,比如出现"Forscher"的同时还出现了"Forscherinnen(女研究员)",该软件就能立刻将其标注出来。即使句子开头出现了副词"näher(详细地)"或奥地利语词汇"Fiaker(出租马车)",仍旧不会影响该软件的检测能力。某些文字处理软件甚至还能为用户提供单词的同义词表,以供用户选择。Word里装有"词典",其中的词汇是按照意义进行分类的。

现如今,文字编辑软件在修正单词拼写方面仍旧错误百出,在修正语法和文风方面也差强人意。如此,我们可以知道未来文字编辑器的发展方向了:可靠而准确的拼写检测与语法检测,能够对某一种篇章类型的文体进行检测,并提供很好的修改建议[1]。为了给广大用户提供方便,解决现有文字编辑软件纠错能力较弱的问题,微软的研发部门正在研究具备更强纠错功能的新型文本编辑软件。其中一个研究团队正在开发可为书写者提供多文体风格措辞选择的系统[2],另一个团队则尝试着为母语为非英语的国家的用户提供英语文法支持。一款

---

[1] 霍尔夫勒、苏吉撒吉(Hoefler&Sugisaki,2012)及纳扎、雷诺(Nazar&Renau,2012)
[2] http://research.microsoft.com/en-us/projects/WritingAssistance/

功能完备的文字编辑软件不仅应该具备修改拼写错误和语法错误的功能，而且还应该具备修改俗语的功能[1]。

书写自动化的下一步就是计算机支持下的写作。现有通用软件能够自动改正用户输入的字符串。在地址栏输入网址，网络浏览软件和 E-Mail 软件就会激活自动书写功能。书写自动化最典型的例子就是网络搜索引擎谷歌（www.google.de）和微软搜索引擎必应（www.bing.de）。当我们把某个待搜索的词汇输入搜索引擎时，就会出现与之相关的概念。谷歌搜索引擎中的相关概念显示在搜索区里，而必应的相关概念则显示在输入框的下拉菜单中。两者数据库中的数据均来源于用户，用户输入过的各种问题按搜索频率从高到低排序，显示在搜索区或下拉菜单中。除了按照搜索频率，搜索引擎还可以基于现实性及用户地理位置对推荐内容进行补充。例如，输入"Johann Wol"，不仅会显示出"Johann Wolfgang"，还会显示出"Johann-Wolfgang Goethe"。补充的内容也来源于用户搜索的问题，这些问题决定了各补充词出现的顺序，并限制了补充词的数量。

谷歌公司甚至将这种书写原则开发成了一款名叫 Scribe 的文本编辑器。用户只需敲几下键盘，该文本编辑器就能够为用户提供合理

---

[1] http://research.microsoft.com/en-us/projects/msreslassistant/

的修改意见。该系统可以用二元语法或三元语法统计分析得出的结果在词汇之间进行转换（"二元模型""三元模型"，总之："N元统计模型"）。假设我们以一篇电子文档作为数据库，该文档中数次出现短语"mit Bezug auf"，那么一旦在搜索框中输入"mit Bezug"或"Bezug auf"这两个二元词组，剩余的单词出现在搜索推荐表中的可能性就很高了。也就是说，当我们在"mit"后输入单词"Bezug"的前两个字母，即"mit Be"，那么前文中建立的这种关联关系即可被利用，"Be"引出了"Bezug"，而"Bezug"后最容易出现的推荐单词就是"auf"。这一分析方法非常简单，当用于数据分析的量（即文档数量）非常大时，"N元统计模型"的分析结果就会非常好。搜索引擎的开发者拥有极多的数据，因此，通过统计分析给出的前3个相关词，多数情况下都能命中用户的需求。

除了日志收集系统Scribe之外，其他的文本编辑器或文本编辑软件也都具备类似的功能。TED Notpad是一款简单的纯文本编辑器[1]，该编辑器能够在处理过的文字中找到接近用户所需的文字。OpenOffice Writer[2]也是一款非常好用的文本编辑软件：该软件中装有一个词汇表，用户可以自助添加常用词汇。同一文字符号在文档

---

[1] http://jsimlo.sk/notepad/
[2] http://www.openoffice.org/de/

中出现3次，该符号就会显示在光标上方的小窗口中，此时只需敲击回车键，该符号就会被输入文档。文本编辑软件给用户提供的关联词建议是根据出现频率整理的，通过几个简单的快捷键用户就能轻松掌握。单词列表中的词汇除了可以由用户自行添加之外，计算机还可以通过对大量电子文档的分析，自动将用户的高频使用词汇存入单词表中。

现如今，智能手机中的预测文本技术不断发展——智能手机的触摸键盘大大减少了按键数量。例如，安卓智能手机的键盘SwiftKey，就能对手机中存储的信息和用户书写的邮件进行分析，以便建立起针对该用户的N元统计模型。智能手机一般只会在用户开始输入后，或输完一句话后显示三个预测词汇。每一位用户的书写习惯，会对预测文本软件产生个性化的影响，这是此类软件给出预测文本的基础，正因为如此，文本预测技术才能在完善个人表达方面，做到如此之好。无论是称呼、开场白、结束语还是问候语，用户大多数情况下都能在文本预测软件提供的三个选择中，找到符合自己表达习惯的选项。

智能手机上这种有纠错功能的输入系统在用户输入许多文字时，更加注重根据上下文给出修改意见，而不是完全遵守拼写规范，这是因为用户在使用智能手机上的小键盘时，经常会误按，导致输错个别字母。但这并不会影响系统的预判，T9系统就能够自动根据上下文，识别出输错的字母，并根据上下文判断出用户原本想要输入的内容，将输错的字母予以替换。如果能够进一步提高该系统的预测准确度，那么就能更好地抵消小键盘的劣势。用户无需准确地找到某个单词中每个字母的按键，只需按对其中部分字母，计算机就能根据前后字母的联系，从词库中寻找到与之关联程度最高的单词并提供给用户，以供选择。

这种有缺陷的、不完整的文本输入也可以用在中文输入法中。中文输入利用的是由拉丁文转化而来的拼音，这项技术在如今的智能手机输入系统中也已经非常成熟了。只需输入每个汉字对应拼音的首字母，中文输入软件就能预测出用户想要输入的中文词汇，并将预测结果按顺序呈现，以供用户选择。将这一方法借鉴到德语中，就是用户只需输入每个音节的首字母，系统就能识别出该单词：输入"r-t-v-s-c-r-r-f"，系统就会自动识别出单词"Rentenversicherungsform"。但事实上，这种输入缩写的方法在德语中却不怎么实用。不过，无论如何我们都要承认，这一技术的发展的确为某些诸如中文这样复杂的图形文字，创造了快速输入计算机的可能[1]。

---

[1] 王（Wang，2012:14-19）

上述技术还可以应用到大一点的篇章单位中去。每一个Word软件中都配有该技术：用软件打开一篇空白文档，就会出现一系列文档模版。"新闻／杂志"这种文档的格式比较标准化，正文、标题、图片等内容的位置上都填有相应的占位词，这些占位词向用户展示了该位置上应该填写什么样的内容。Word中的自动化功能还包括：生成目录、插入图片和符号、插入引用。Word中的这种格式模板是固定的，如果要对文档进行个性化的设计，文本编辑软件就必须允许用户修改编辑规则，以便帮助用户实现对文档的个性化设置。在线协作式剧本创作平台Plotbot，就是这样一个能够帮助用户实现剧本个性化设置的软件[1]。用户可以选择不同的剧本模版，找出最喜欢的那一款，套用到自己的剧本文档中去。该系统为作家提供了一个专业的剧本创作平台。

如果文本编辑软件能按照篇章语法学的规则对文档结构进行调整，那么计算机对人类写作给予的帮助将会更大。篇章语法学能够对某种篇章类型的形式及内容进行限定（例如地址该书写在什么地方）。这与以XML（是SGML的变体形式，参看4.3）为基础的篇章结构标记方法互相配合，使用XML专用文本编辑器，用户就能在编

---

[1] http://www.plotbot.com/

辑文档的同时，按照篇章语法学规则对文档结构进行调整。XML编辑器尤其适用于编辑科技文章或词典条目——总之，就是那种结构非常固定的篇章类型。

  翻译是一种特殊的书写方式。译者，尤其是实用文体的译者，早就已经不再像学者一样趴在书桌上用笔工作了，而是充分利用了计算机翻译[1]。现如今的计算机翻译，已经能为许多领域提供初步翻译了，但高质量的翻译仍需人工参与。尤其是在文学领域，丰富的隐喻、个性的文风，任凭多么高级的计算机翻译软件，都无能为力。但在诸如科技文献、技术文档或行政文件等文章的翻译中，装有 Translation Memory 系统的计算机翻译软件，却能够起到很好的辅助作用。该系统能够将曾经出现过的、存储在系统中的类似译句调出，为译者提供参考。Translation Memory 系统正常发挥作用的前提是，译者在碰到翻译问题时的第一选择，就是找到普遍通用的译法，而不是新创造一个译法。行政文件、专业术语及文档中多次出现的短语的译法，都能在 Translation Memory 中找到参照。这种系统就是一个人与机器协作完成书写的绝佳例证。

  书写好比驾驶汽车，两者都是人与机器协作才能完成的行为。

---

[1] 古雷特、杜布雷西（Goulet&Duplessis，2012）

过去几年中，书写和驾驶汽车的过程中都加入了许多新型辅助系统。书写过程中加入的辅助系统前文已有描述。汽车驾驶中加入的辅助系统主要有：车道偏离警示系统、停车辅助系统、防撞预警系统、疲劳驾驶预警系统，以及自动驾驶系统。接下来要逐步实现的是：全自动书写、全自动驾驶。许多大型汽车制造商——甚至还有谷歌公司——都在致力于全自动驾驶技术的研发，如今实验车已经能够上路了。

全自动书写也叫文档生成，一直以来都是计算机语言学家们的研究对象。不久前，网络服务商Coliloquy公司在此领域做出了引人瞩目的成就。该公司推出的电子书能够根据作者已经完成的部分内容，分析出读者更喜欢男性作为书的主角还是女性作为主角，还能判断出读者是否喜欢在接下来的内容中看到魔法元素[1]。该软件能够通过对读者选择的分析，影响书中情节的发展，创造出符合读者偏好的个性化小说。

完全自主生成文档（没有已完成的部分）也需要一些基本信息，例如篇章类型等。如果能够给定待生成文档的文章结构及语言特征，那么生成的文档将更加符合需求（例如天气预报、医疗文书或技术

---

[1] www.coliloquy.com，阿尔特（Alter，2012）

文档[1]）。这里就涉及读者、情景和对象了，也就是说，自动生成文档也需要根据不同的读者、不同的情景和不同的对象进行变化。技术文档的格式需灵活一些，才能将产品的所有相关内容都包含在内。即使是天气预报，也不能总用一个格式，除了提供天气信息，天气预报还要具备交流功能。

文档生成涉及的研究领域颇多：展示信息、计划交流策略、选择词汇、短语及语法结构[2]。除此之外，还有常用的表述模式："即使X已经出现了，也应该完成Y，同时兼顾Z。"使用这种模式，使得文档成为了可生产的产品。美国公司Narrative Science推出的一款能够用于即时报道棒球比赛的同名软件，使其名声大噪。该软件能够准确描述棒球比赛中的得分、换球员、犯规等许多关键节点。除此之外，Narrative Science还能为拥有大量数据的客户提供数据分析服务。

该软件中的数据均来自于网络或社会新闻。软件对数据进行分析和阐释后，就能生成一篇记叙文（英语称为narrative）——将其提供给领导、观众或网站[3]。记叙文之所以对大多数人来说都比较

---

1 柏特曼（Bateman，2010），卡斯特森（Carstensen，2012:167-179）
2 马克科恩（MacKeown，1992），赫瑞克（Horacek，2010）
3 www.narrativescience.com. 还有一款能够为新闻记者们提供技术支持的类似软件 Automated Insights（www.automatedinsights.com）。

容易理解，是因为其语言中包含了评价。销售额"上涨"了15%，但盈利却"不佳"。不同于那些只会生成无意义文档的网页——Narrative Science生成的是能够传播一定信息、具有实际意义的文档。Narrative Science公司甚至让这款软件在经济杂志Forbes的网络平台上开通了博客，完全无需人工干预，便能自动更新内容[1]。该软件能够对某公司或某行业的股票交易信息进行分析并绘制趋势图，供博客阅览者阅读。如果不是事先知道该博客是完全由计算机软件经营的，许多读者根本就觉察不出这一点。该软件已经初步实现了以下目标：写作不再只是人类的专属技能。

计算机写作也有可能被篡改。篡改方法很简单：黑客和网络犯罪分子通过利用计算机病毒或特洛伊木马入侵他人计算机，悄无声息地对后台运行的程序进行修改。2013年夏，美国国家安全局（NSA）前技术分析员、"泄密者"爱德华·斯诺登（Edward Snowden）揭发，中情局"监听"丑闻利用的便是这种"窃读"技术。由此可见，在计算机后台中进行写入操作并非难事。除此之外，大量的后台数据也是网络犯罪的温床。

计算机还可以对按键操作进行记录，包括用户按下了哪个键，

---

[1] www.forbes.com/sites/narrativescience/

按键用了多长时间、前后按键之间的时间间隔等信息。每个人按键的方式不尽相同，这种特征也可以被体现在电子文档中[1]。通过对书写过程的分析，研究者能够了解书写者在书写过程中是否专心、书写是否流畅[2]。因此，对按键情况进行分析对于电子文档输入习得还是很有益处的[3]。电子文档完成得有多好，修改得有多频繁？通过对按键情况的分析，我们甚至能得知书写者写作时的情绪。除此之外，研究者们还可以开展针对电子文档本身的研究：这篇文章是否与其他文章高度类似？是否引用了其他文章而未标注？如此一来，只要将所有学术论文都放在网络上，对抄袭的鉴定就会变得异常简单。

对书写过程进行分析，不仅要回答书写者做了什么、想了什么，以及他在书写的过程中心情如何，还要回答他下一步想要做什么，或者想要了解什么。安卓系统的一款手机应用GoogleNow已经实现了上述功能。假设用户想规划一次去汉堡的旅行，在网络上搜索汉堡周末的天气情况，该软件就会自动为用户规划汉堡旅行线路、推荐飞机航班。该应用是第一款"预测搜索"软件。美国公司Cataphora又向前走了一步：他们为大型公司研发了一款可以分析公

---

1 莫瑞斯、鲁宾（Monrose&Rubin，2000），库希曼（Kuechemann，2013:N5）
2 雷耶廷（Leijten，2012）
3 库希曼（Kuechemann，2013:N5）

司员工邮件内容的软件。该软件能够基于邮件内容预测出哪些员工将来有可能给公司造成损失，主要针对"营私舞弊"或缺乏诚信[1]等情况。该软件不再关注文档生成，而更加关注文档的交流目的，不仅能从邮件内容中分析出书写者是谁，还能分析出他们的意图。

6.3 多媒体写作

完成一篇演讲稿还能怎么说？"写"了一篇演讲稿？"草拟"或"构思"了一篇演讲稿？我们暂时还找不出十分合适的词来形容。如果你拿不准一篇演讲稿中应该包含些什么内容，那么就把它当做一篇作文按步骤来完成吧。"写"演讲稿，需要作者不断地做选择：将信息以何种形式呈现，是文字、图片还是表格？是将多种类型的素材加以混合，还是单独展示？是否让听众自己去发掘各个素材之间的联系？如何将这些不同类型的信息结合起来？多媒体"写作"要解决的问题，比"纯"写作要解决的三个问题（构建内容、选择模版、推敲表达）还要复杂。除了要解决内容、模版、表达这三个方面的问题之外，多媒体写作还要解决其他问题：以何种多媒体方式展示文字内

---

[1] FAZ（2013）

容，多媒体与内容的契合度怎样，读者对多媒体的适应度如何等等。

优秀的作家不但要能够栩栩如生地描述事物，而且要了解目标读者群的认知与阅读习惯，以便更好地迎合读者的兴趣。从前一章的多媒体阅读我们已知，阅读电子文档，尤其是浏览网页时，读者的阅读习惯与阅读纸质书籍完全不同。电子媒体的阅读速度很快，"浏览"式阅读使之进一步加速。阅读长篇文章，读者的阅读轨迹符合F型轨迹，重点关注表单和网站首页的内容。Web易用性领域的权威人物杰克布·尼尔森（Jakob Nielsen）从上世纪90年代开始，就致力于网页设计研究，他的设计理念可归结为："像用户一样阅读网页——网页不是做出来的。"[1] 遵循这一原则，他设计出了更加适合浏览式阅读的网页。

他提出的建议包括：突出重点词汇、插入小标题、利用项目符号（比如着重号）、缩短段落篇幅、减少文章篇幅。网页文档的结构需根据网页版面进行设计：尼尔森建议将最吸引人、最重要的内容放在文章第一段的开头部分，然后再展开论述。通过这种方式，最重要的信息被放置在了开头位置，读者读完了开头便已知晓了文章的大意，因而可以在保证不漏读重要信息的情况下，随时中断阅读或进行"精

---

[1] www.nngroup.com/articles/how-users-read-on-the-web/

简"式阅读。另一种网页版面设计方法是一开始就将内容设计成微内容（Micro-Content）。这样一来，每一部分的空间就只够展示仅由两三句话组成的微型文章。将每篇文章都以简短介绍的方式显示在网站首页上。这种"介绍"相当于附加消息，被放置在网页的小文本框里。

  记者的主要工作内容之一就是引导舆论导向，激发读者的兴趣。因此，写作方法长久以来都是新闻工作者的必修课。现如今，网络新闻报道的市场越来越大，新闻写作也只有与时俱进，才能更加适应网络化传播的要求。从网络新闻的实践中，我们可以看出这种新型多媒体写作与传统写作的不同之处[1]。在语言组织方面，网络新闻稿中可以加入链接、导航等内容。此外，网络新闻稿中一般会插入更多的图片。那么，网络新闻稿该如何分段，与读者之间该建立何种形式的联系呢？哪种类型的图片更为适合加入到网络新闻稿中，又该如何将这些图片插入到稿件中去呢？网络新闻工作者必须要知道，自己的稿件不仅可以被上传到网络上，还可以上传到智能手机的App应用中。因此，新闻稿的结构必须要适应多种展示终端才行。尼尔森提出了"微内容"的概念；网络新闻也需要设计出符合网络传播特点的篇章类型。多媒体也包括动图和音频；哪些多媒体内容适合

---

[1] 例如海金柯（Heijink，2011）或玛岑（Matzen，2011）

加入网络新闻，该如何加入这些内容？现如今，网络新闻工作者可选的多媒体形式很多，例如"Hypermeidia-Patchworks""Grafimation""Slideshows""Online-Features"或"Webspecials"[1]等。

多媒体形式的文档在传播非文本信息方面的效率极高，但前提是，我们必须要有一套完整的规划方案。运用多媒体进行写作时，我们一定不能受制于传统思想，错误地认为文章只要内容好就行，形式并不重要。只有新闻稿件与传播媒体相适应，网络新闻工作才能做得更好。

与传统纸质媒介最为相似的多媒体终端要数电子书了。电子书终端具备纸质书的质感，除此之外还附加了评论、字典查询等其他功能。电子书终端的功能并不仅限于将纸质书籍搬至电子"纸张"上，还配备有许多有趣的功能。例如在苹果公司的电子书终端Textbooks中，就能插入表格、图片、演示文稿、时间轴、视频和音频，甚至还能插入三维图形和交互练习。

苹果公司研发的iBook软件包是一套功能众多、用户体验良好的电子书阅读系统，可以将电子书中的内容显示在计算机屏幕上。该系统本质上就是一款文本编辑系统，只不过它是专门针对电子书文

---

[1] 海金柯（Heijink，2011:263-289）

档的系统而已，该系统能够帮助作者在电子书中加入电子图片[1]。这种能够插入丰富多媒体元素的形式非常适合诸如科技教材[2]、旅游杂志、自然风光和艺术作品导览、手工指导手册等要求直观视觉效果的书籍。撰写这类书籍目前尚无统一的标准，是应该先撰写文字、再插入图片，还是从一开始就将文字撰写得十分生动，使读者有身临其境之感？毕竟表格、3D模型、图形和视频，通常都不是来源于作者。出版多媒体电子书如同完成项目，不仅涉及如何编排文字内容，还涉及如何将这些内容展示给读者。随着时代的发展，仅凭一己之力完成著作的传统创作方式，必将会被多方合作、各展所能的团队项目创作方式所取代。

创作多媒体文本的过程到底如何，我们可以通过电子演讲稿的撰写过程一窥究竟。假设你要撰写一篇演讲稿，那么你需要完成很多工作，例如撰写文字内容、绘制表格、设计页面布局、在网络上寻找合适的图片及视频资料[3]。这就意味着，你不仅是作者，还是制表师、导演、演员，甚至还要充当资料整理员，做好资料的整理和

---

1 www.apple.com/de/support/ibooksauthor
2 沃尔夫（Wolfram）公司开发的一款名为Computable Document Format(CDF)的软件与iBook的功能类似，只不过前者是以数学和自然学科研究为重点的。http://www.wolfram.com/cdf/
3 罗宾（Lobin, 2009:137-144），罗宾（Lobin, 2012:22-26）

存储工作，以便下次使用。一般来说，大型企业都有专门负责撰写电子文稿的部门，部门中的人员各自负责一部分工作，各司其职、互相配合，共同撰写出包含丰富多媒体元素的电子文稿，并使其适应不同的媒体终端。

还有一些电子文稿软件系统，能够为用户提供便于观看的幻灯片，例如微软公司的Powerpoint和苹果公司的Keynote。Powerpoint中引入了SmartArt，用户可以从SmartArt中选择不同类型的图形，如循环、层次结构、关系或流程图等，然后可在这些图形中加入文字说明。不同类型图形的功能不尽相同。结构图可以将思维过程展示出来，"关系"图中包含平衡、漏斗、齿轮、箭头、公式或维恩等多种图形。如果用户从中选择了一种，那就代表着用户已经接受了这种图形所表示的论证关系，而这种论证关系对内容结构影响极大。将A、B、C三项内容分别填入齿轮图中的三个齿轮中，则表示"A、B、C三者关系紧密"。读者看到齿轮图后，就会自动将齿轮的特性与填在其中的内容结合起来，将前者的特性赋予后者。还会进一步思考，齿轮向不同的方向转动，分别代表了什么意思，齿轮大小不同又代表什么意思等等。

语言与图形所激发的联想不同。因此，将电子文档从一种媒体转到另一种媒体时，需要改变的始终是内容。多媒体文档的作者必须知道，自己的文字不仅可能会出现在不同的电子显示终端上，而且这些终端各自的展示特征，还会对文字的意义产生影响。现如今，图形化趋势不仅深入到了现代科技论文及各种演讲文档中，而且还对诸如数学、物理学等抽象学科造成了极大的影响。综上所述，图形丰富了电子文档的形式，但同时也削弱了纯文本文字表现意义的能力。

与混合写作不同的是，多媒体写作对作者也有一定的要求。多媒体写作涉及的领域很多，要解决的问题也很多，因而要求作者在操作文本编辑软件方面具备极高的操作熟练度，提前规划好写作流程。所有要加入到电子文档中的多媒体素材，从一开始就必须准备妥当。多媒体文档的内容难以通过口语进行描述。图形生动直接、易于理解，为我们的阅读和理解带来了极大的改变，同时也对电子文档本身产生了反作用：多媒体文档适合快速浏览，有利于读者在短时间内掌握文章大意。如果想要表现"循环"，作者只需画一个箭头组成的圆圈，并在圆圈中加几句文字说明即可，读者也不必花费时间和精力去阅读一大段描述"循环"过程的文字。这一优势令多媒体文本成为了一种国际通用、打破语言屏障的交流媒介：易于翻译，甚或不用翻译都能看懂。电子文档多媒体化，是全球化发展趋势的必然结果。

6.4 社会写作

和阅读一样，写作也是一种根植于社会层面的交流方式。尽管写作是作者独立完成的，但写作的目的却是希望对读者有所影响，只不过这种影响发生的时间有一定延迟而已。实现这一社会属性的前提是，文章能够在一定的空间或时间上被交流对象读到。传播印刷品的传统方式是邮局、书店和图书馆。现如今，计算机网络技术的发展极大地加快了文字的传播速度，削减了文字传播的成本，简化了文字传播的过程。电子文章存储在服务器里，通过互联网进行传播。这种新型的文字传播方式扩大了社会写作的影响，创造了新技术、新篇章类型、新的以文字为载体的交流模式，彻底改变了传统的文字交流方式，作者不再是孤家寡人了。

社会写作有两个维度。一是他人写了什么，即文章本身；二是他人是如何写作的，也就是对方的工作方式。前者关注内容的社会性，后者关注作者的社会性。事实上，这两个维度早在印刷品时代就有所体现。内容的社会性，体现在印刷书籍的参考文献和脚注中（最为典型的就是科技论文中的引用），以及对其他文章内容的重述（引自其他著作的重述部分会在参考文献中进行标注），这些参考资料都可以在图书馆查找到。另一个传统的社会写作方式就是写信和写书评。

科学论文集可被理解为社会写作的产物，因为论文集中的文章通常都是互相关联、相互引用的。

随着万维网的发展，在电子媒介中，建立文章与文章之间的联系变得越来越容易，只需一个链接即可——点击鼠标左键打开链接，立刻就能浏览另外一篇文章。链接所指的文章，不再以直接引用的形式出现在原文中。如此一来，一旦链接所指的文章发生改动，读者就能第一时间获取改动后的最新内容。参阅文献逐渐从原来的参考书目，变成了现在的网络链接。上世纪80年代，蒂姆·伯纳斯·李产生了一个把文本通过网络链接起来的想法——该网络系统展示的不再是使用参考文献的文章，而是被作为参考文献引用的文章。这就是超文本。

从公司、机构、政府的网站中，我们能够找到所有相关信息，如人员信息、产品信息、地址信息等。类似维基百科这样的平台，其中包含的链接非常多，我们可以分别点击查看，在这些链接文档中"冲浪"。要找到想要的内容，我们必须不断点击链接，从一个网页跳转到另一个网页，浏览许多相互之间有关联的网页，才能最终达到目的。我们需要的信息，就藏在这些浩如烟海的链接之中。

将超文本与网络相结合，就产生了新的篇章类型——博客，这种篇章类型能够更加充分地运用"内容社会性"的潜力[1]。博客文章的主题一般都源自网络。其中通常都会插入一些其他作者写的博客文章的链接。博客中的每篇文章都会被自动分配固定的链接地址，以便他人能够随时通过链接进行访问。"博客网志"中最常出现的就是链接，链接的内容一般都与本博客内容相关。在博文中加入其他作者的文章链接，就可以用以解释和佐证本文内容。因此，没有互联网，博客这种文章类型也就不可能出现。

另一种链接内容的形式是将不同作者的文章互相融合——这就是文学作品中的"蒙太奇"手法。这一手法历史悠久，著名作家詹姆斯·乔伊斯（James Joyce）及阿诺·施密特（Arno Schmidt）将其推向了顶峰。文学蒙太奇并不等同于剽窃，它将借鉴自其他文章中的内容，以一种充满创造性的方式重新进行排列组合。剽窃则不仅完全照搬其他文章的内容，还连同其内在思想、论据及细节，都不加修改地一并挪用。剽窃在文学作品中屡见不鲜——黑格曼（Hegemann）的小说《路杀蝾螈》（Axolotl Roadkill）就曾因此在德语圈引发轩然大波——而科技论文中的剽窃现象更是层出不穷[2]。德国前国防部长古滕贝格（Karl-Theodor zu Guttenberg）近年因博士论文剽窃丑闻而导

---

1 莱特贝尔格（Rettberg, 2008）
2 文学剽窃及剽窃评判标准请参看泰松（Theisohn, 2009）。

致下台就是个典型案例。网络上的文章极易获得,只需简单地复制、粘贴,即可将相关内容插入文本编辑软件。从某种意义上讲,网络上的剽窃,也可被视为社会写作的一部分——一篇网络文章往往出自多人之手,这些作者在毫不知情的情况下,便参与了共同创作,赋予了该文章社会性的特征——只不过这部分并非社会写作光明面,而是黑暗面。

社会写作的第二个维度涉及如何写作。社会写作即共同创作,每个作者书写部分内容,再将所有部分整合,即形成一篇新文章。这一共同创作过程有三种实施方法,所有作者要么逐一实施(异步),要么同时进行(同步),要么交替推进(交替)。其中异步模式的社会写作,是人类经过长期实践产生的一种共同创作的方法:A作者先写出来一篇文章,B作者对文章进行修改或补充。如果A作者再次得到这篇文章,并对文章进行加工后再转交给其他人,那么通常情况下,我们就再也无法辨识出文章的不同部分到底出自哪位作者之手了。从这个意义上讲,该文就是这两位作者共同创作的结果。

社会化的写作方式颇费纸墨,对打字机的损耗也较大。在用纸笔书写的时代,删减文字还比较容易,简单地划上几笔即可。但补充内容则要复杂很多。由于只有文章末尾才有足够的留白,因此每次修改后,都必须对文章重新誊抄,以避免因为多次修改而造成文字无法辨认的现象。使用文本编辑软件之后，社会化写作的方式就变成了同步方式，所有的修改，无论是删除、插入或剪切，都可以做到不留痕迹，因而也就不会影响文章的可读性，也不会出现纸张修改时代那种字迹无法辨认的情况。

在文本的修改痕迹无法被保存的情况下，如果我们想重新恢复原文，或不同作者对于所修改的内容有不同意见，要恢复到先前的文本将变得十分困难。文本编辑软件能够存储所有修改痕迹，以备不时之需。Word里有"修改追踪"功能，打开该功能后，无论对文档内容还是形式进行的修改，都能显示在文档中。存储文档时，这些修改痕迹也与文档一并存入计算机，以便合作者决定是否保留该修改内容。合作者对原文的修改，会被再次标注并保存下来。如此一来，每一位合作者都可在修改文章之前，看到其他作者的所有修改痕迹，从而对其进行修改和注释。

将带有修改痕迹的文本通过电子邮件进行推送，并用文本编辑软件进行编辑，这种方法并不能称之为文本修改的网络化应用。但维基网站的建立，使得访问者修改网络文本成为了现实。Wiki是一套能够在网络浏览器中运行的超文本系统，访问者不仅可以查看文章，还可以对其进行修改。在维基软件中对网络文档进行修改的步骤也十分简单。访问者打开一个输入框，在其中输入文本、维基内部链接、外部链接或图片链接、格式控制指令，修改后的文本即可代替原来的文本，出现在网页上。维基软件也具备版本控制功能，能够存储每一次改动，并对这些改动进行编号。这样，当需要还原词条内容时，就可以从历史记录中进行调取。至于其他的"社会"功能，诸如讨论页或用户权益保护等，维基系统的研发人员正在对其进行完善[1]。

维基系统最著名的项目就是网络百科词条协作系统——维基百科[2]。维基百科使用的是Mediawiki软件，该软件最初专为维基百科所设计，但今天已能服务于所有维基项目了[3]。该平台也十分有利于社会写作的研究[4]。维基系统允许多位访问者互相协作，共同修改词条内容，系统本身则不干预修改，也不会对修改后的内容再行加工。为了确保同一时间仅有一位访问者对词条内容进行修改，维基软件必须保证在一位访问者打开修改功能后，其他的访问者就不能对同一词条进行修改。因此，访问者对词条的修改并非总是互相配合的，也可能互相限制。总之，维基软件极大地缩短了合作处理词条的周

---

[1] 艾伯斯巴赫（Ebersbach，2007）
[2] Wikimedia Deutschland协会（2011）
[3] www.mediawiki.org
[4] 拜斯温格尔（Beisswenger，2012），卡拉斯（Kallass，2012），奈特维希、科内西（Nentwich & Koenig，2012:72-100）

期，但同时也产生了不能同步修改词条的问题，该问题只能通过限制同时段内修改词条的人数的方法加以解决。

维基软件简化了多人非同步处理文档的步骤，接下来我们讨论一下同步写作。同步写作有必要吗？许多作者同时处理一篇文档真的能实现吗？这种写作方式，在前数字时代尚无先例。要实现同步写作，我们首先需要多台联网计算机，其次，还要保证多台计算机能够同时对文档的不同位置进行修改。两人同时处理文档，只有在网络化的前提下才能实现。同步写作是数字时代的特点，但目前仍处于探索阶段。

到现在为止，"一般的"文本编辑软件尚不支持同步写作，但研究者们已经研发出了一款能部分实现同步写作功能的网络文本编辑软件，它叫Docs，使用该软件编辑的文档，可存储在谷歌云端硬盘Drive中。乍一看来，Docs有点像简化版的Word。用Docs编辑而成的文档可被其他谷歌注册用户免费浏览。有权限调阅某一文本的所有用户，都可以对该文本进行处理。用户处理该文本时，计算机右侧的窗口会显示出活跃用户的名单，每一位活跃用户的姓名都会用不同颜色标注，而由这些用户修改的文本，则会用相应的颜色标注出来，被修改的内容旁边还会显示修改者的名字缩写。

亲眼见证同一篇文章被多人同时在多处进行修改，绝对是一次奇妙的经历！能实现"同步编辑文档"功能的软件还有Etherpad及Zoho Docs[1]。与这两者功能相似的，还有网页故事墙协作工具Padlet，它会给用户提供一个共同编辑文档的"墙"，用户可以在这面墙上拖入任何格式的文件和图片等内容[2]。该软件最重要的功能，就是为用户提供简便快捷的交流平台。除此之外，用户也可将自己的评论任意插入到电子文档中去。

　　同步写作在作者群体中如何运作？这个问题的答案我们其实不甚清楚。同步写作适合创作结构脉络清晰、各部分联系并不十分紧密的文章，因而每位作者可分别处理不同部分。除此之外，同步写作还适用于开展头脑风暴，它可以让个人的观点快速集中并与其他人的观点进行碰撞整合。当然，同步写作要求所有参与者彼此了解对方负责处理部分的内容。用不同颜色将不同作者的修改内容加以标注，这为作者们用文字进行交流和沟通提供了可能。每一次修改，都可视作是对原文的评注。不过，同步协作创作一篇文章时，必须要遵守一定的规则，否则就会影响创作效率。声音能够协助我们完成同步写作——大家一起开个电话会议，或坐在一起，人手一台笔

---

1 http://etherpad.org/ 及 http://www.zoho.com/docs/
2 http://www.padlet.com

记本电脑，一边交流一边共同编辑文章。如若大家所见的内容都一样，那么便易于达成一致。这也是成功合作的重要前提之一[1]。

同步写作的另外一种方式要借助网络进行。有些文学作品的粉丝团，比如哈利波特系列的粉丝团，会共同协作，利用原文中的人物角色、故事情节或背景设定等元素，进行二次创作，也就是所谓的"同人小说"。有些协作创作团队，比如奇幻小说 Kingdom Keepers[2]，会让读者也参与到创作过程当中，团队会将某些段落提前公布，读者可将自己阅读后的建议提交给协作创作团队。读者的建议会被综合分析，一些呼声最高的建议就会被作者采纳。读者通过网络追文，粉丝创作团则根据读者的反馈，对作品做进一步的修改和完善。

最后，我们来看看社会写作的第三种变体。对话写作是两人或多人参与的文字对话的一部分。网络聊天便是最普遍的方式。不同作者的文字对话，是以时间为轴线、异步出现的。这些文字出现在同一"对话"场景之中，因此可被视作是同步出现的。因而，对话写作既可以是异步的，也可以是同步的——说它异步，是因为对话是

---

1 无技术支持下的编辑工作请参看雷农（Lehnen，2000）。
2 http://www.kingdomkeepersinsider.com/

按照时间顺序安排的；说它同步，则是因为这些对话都是发生在同一时间段内。

聊天无法产生文章，但我们却可以记录聊天内容[1]。与聊天记录比较类似的就是"微博"，其中数Twitter最为知名[2]。与纯粹的聊天记录不同，微博中的对话主题不由对话双方共同决定，而是由作者单独发起。作者发布一篇推文，其他用户浏览该推文，并对其进行评论。这种书面交流方式会产生一个范围极广、参与者众多的会话，该会话即具备异步书面交流特点，也具备同步书面交流特点。

让异地作者协同进行对话写作，只有通过互联网才能实现。这种交流方式的特别之处非常值得研究[3]——有成果表明，对话写作事实上是一种独立的书面交流方式，并不是简单地在媒体终端上进行的谈话。这一点通过其特殊的语言形式便可见一斑。对话写作的语言中充满了书面语元素，比如由字母和特殊符号组成的"表情符号"等。Facebook或Google+等支持书面语交流的社交网络平台，将口语对话与微博对话相结合，并在一定程度上对其进行了规范。如何运

---

1 拜斯温格尔（Beisswenger，2012）
2 奈特维希、科内西（Nentwich&Koenig，2012:50-72）
3 约克（Jucker）、杜塞德（Dürscheid，2012）及拜斯温格尔（Beisswenger，2004），拜斯温格尔（Beisswenger，2012）

用社交网络中的信息生成文章，小说 *Zwirbler* 已经告诉了我们答案。这本小说未经任何人规划，书中的所有内容全部出自 Facebook 的用户之手[1]。

数字化和网络化的发展，完全改变了我们的写作方式。计算机不仅参与到了写作过程之中，而且某些时候，甚至完全无需人类参与，计算机就能自动生成文章，并且还能在电子文档中加入一些多媒体元素。写作逐渐变为了一项需要团体协作才能完成的任务。多样化、多媒体化和社会化是阅读和写作未来的发展趋势，它们会改变书本的样子，影响书籍的创作过程和使用方式。如果阅读和写作实现了多样化、多媒体化和社会化，我们会失去什么？这样的变化又会带来些什么？如果我们不去实践，就永远不可能知道这些问题的答案。

1　www.facebook.com/Zwirbler.Roman

7 失去了什么？
得到了什么？

数年之前，我的团队曾做过一个试验，目的是测试学生和科研人员高效运用图书馆资源的能力。读者可以通过目录查找图书馆的馆藏书籍，并按照指示找到它。图书馆中的每本书都有自己的编号和贴码，书上的贴码能显示出书本在图书馆中的位置。最早的书目索引卡片按字母顺序排列；如今的索引卡片已经变为线上数据库，每一本图书的信息都被存入数据库，其中包括作者、书名、出版年限和其他相关信息。如果读者想查询某本书的信息，只需在计算机的搜索页面中输入作者、书名和出版年限即可。

在这项试验中，我们要求参与者运用图书馆的在线搜索功能寻找某本书——先找一些容易找到的书，再提升难度，查找某一领域的专业书籍，或某本杂志中的特定文章。大学的任务之一，就是要为学生和科研工作者提供信息检索的工具。如若没有配备这些工具，那么大学就不能称之为大学。该试验最初的目标并不是想要测试大学图书馆的网络在书目检索方面是否足够便捷。但试验结果却着实令人惊讶：几乎所有的被试在使用网络搜索书籍方面，都存在困难。

马尔哥茨塔·迪科夫斯卡（Malgorzata Dynkowska）在其博士论文中对该问题进行过深入的研究。她认为，造成该现象的原因是读者用了两个错误的搜索方法，即"谷歌搜索法"和"亚马逊搜索法"。用谷歌和必应搜索时，用户必须将所有的关键词都输入搜索框，搜索引擎会逐一显示所有包含这些关键词的搜索结果，这种搜索方式叫做"全文搜索"。然而，在网络图书搜索系统中，用户并不能进行全文搜索，因为图书馆系统中的数据并非以文字形式，而是以表格形式存储的。在我们的试验中，有些被试将所有关键词都输入一个搜索框。例如，将原本应该分别输入到题目搜索框和姓名搜索框中的书名"Eine kurze Geschichte der Zeit"与作者姓名"Hawking, Stephen W."，全部输入到姓名搜索框，这样势必搜索不出任何结果，因为没有任何一个作家会取这样长的名字。

亚马逊搜索法就更有意思了。在网络商店中，我们购买图书的步骤通常是先搜索，再选择，将中意的商品放入购物车，付款结算后，快递就会送货上门。但在图书馆里查询某本书时，读者必须自己在系统中搜索到目标书籍，并根据书上的贴码标签找到书的具体位置。有些被试虽然成功地检索到了目标图书，但要将书借出，他们还必须点击鼠标进入借阅页面进行操作，而被试往往会在这一步出错，因为图书馆的搜索系统与亚马逊不同，它是没有购物车的。有些被试非常疑惑：怎么才能找到我想找的书？他们根本不知道要记下图书标签，然后再根据标签上的内容寻找到书的存放位置。

马尔哥茨塔·迪科夫斯卡发现，造成这些问题的原因与网页设计基本无关，而是与查询者的知识储备有关。图书搜索系统的设计者必须熟悉图书馆的工作模式、了解索引目录卡的设计规则、懂得图书标签的含义，才能开发出合适的系统。网络改变了读者查阅图书的方式：网络搜索代替了翻阅索引卡，电子购物车代替了标签和书架。读者从网络上学到了这种方式，并试图将其移植到图书馆的信息查阅中去，但却发现这种方式并不适合在图书馆查阅图书。现如今，许多图书馆已经适应了这种变化，并根据网络搜索的特点，重新修改了图书搜索系统。事实上，这种网络搜索引擎中惯用的搜索方法，并不适用于搜索文化知识，将其照搬至图书馆的信息查阅中，必定造成信息的遗失。本章中，我们将会讨论网络搜索到底是什么，它对我们的阅读、写作以及建立在阅读和写作上的其他行为会产生什么样的影响。

7.1 阅 读

只要文字、技术和媒体发生了变化，阅读方式就会随之改变。阅读本身并没有受到计算机技术的影响，因为没有任何一个时代的文字读物能像现在这样易得——任何人随时随地都可以轻易得到海量的信息。身处信息时代，我们不但需要阅读，甚至阅读的需求比以往任何时候都要强烈。智能手机、平板电脑——所有这些终端都具备文字显示功能。无论是Facebook网页、《明镜周刊》主页新闻还是WhatsApp的信息，都可以显示在这些终端上。而随着计算机技术的发展，阅读的对象也愈发宽泛：计算机由程序命令所控制，这些命令最终会在命令行、菜单、表格和目录中以文字的形式呈现，这些文字就是阅读的新对象。这些程序命令我们不仅可以看懂，还可以用鼠标点击，触发新的命令。这一新特征丰富了文字的属性，使文字除了有可读性之外，还有了其他功能。计算机迫使用户阅读，不然便无法进行操作。这种新的阅读方式与"普通的"阅读模式相辅相成、互为补充。

互联网引发了阅读方式的剧变。现如今，我们很少手捧大部头的书本阅读，更多的时候面对的是几秒钟或几分钟就能看完的短文。阅读短文，我们无需专心致志、深入细致，而只需走马观花、浅尝辄止。但阅读经典小说、哲学论著或科技书籍时，却需要专心致志、深入研究，否则便无法真正理解书中的精妙之处，并且若非专心致志，即使读完全书，结果也必定是一无所获。尽管现在我们仍然需要阅读大部头的书籍，但出版社却已根据阅读习惯的变迁，对这类图书的编排有所调整了，比如分册出版，使得科技文章的视觉效果更为生动。元素丰富、内容独立的短篇文章，极大地挑战了传统的钻研式阅读，因为读者的注意力往往容易被电子文章中丰富的各种元素所吸引，从而不能够专心研读文章内容。

数字化为阅读带来益处的同时，也产生了很多负面影响。各种电子阅读终端的出现，大大方便了文章的复制和存储，阅读因此得以随时随地进行。然而，如此方便的阅读体验，并未提升读者对于阅读的渴求，反而使阅读逐渐变成了我们生活中可有可无之事。存储了文章，并不等同于阅读了文章。数字化固然大大简化了阅读过程，但也造成了读者某些能力的退化甚至丧失：翻译软件让掌握外语变成了多余的技能，计算机自动搜索则削弱了我们人工查询参考文献、深入理解一篇长文的能力。

以多媒体为载体的电子文章，改变了传统的线性阅读方式——尽管电子文章中的多媒体元素信息以简洁和便于理解为原则进行了组合，但仍有很多反对者认为，这样的改变事实上削弱了读者理解纯文字信息的能力。一秒之内跳转至其他页面，这尽管为读者提供了更多选择，但却缩短了思考过程。读者但凡有不懂之处，即刻便能查询，这显然无法调动已有知识进行分析。事实上，正确的阅读状态应为：即使使用电子阅读器，读者之间也能进行交流、读写电子邮件、发表评论；阅读时不再孤身一人，而是和大家一起，每位读者都是交流团队中的一分子，始终被热烈的交流气氛所包围。

数字化阅读带给儿童和青少年的影响，目前尚不可知。但能够确定的是，对他们而言，阅读功能只不过是电子产品纷繁复杂的多种功能中的一部分。德国西南媒体教育研究协会（JIM）针对青少年使用多媒体的研究[1]结果表明，2012年，德国12～19岁的青少年对网络的依赖程度极高，几乎每个该年龄段的青少年都至少拥有一部智能手机。书、杂志和报纸这些传统媒体，正在面临着来自数字媒体巨大的威胁和挑战。电子书越来越普遍，选择阅读电子文章的人

---

[1] "Jugend（青少年），Information（信息），（Multi-）Media（多媒体），www.mpfs.de/index.php?id=276"。

日渐增多。现如今，电子阅读已经毫无疑问地成为了我们的主要阅读方式。传统纸媒在日常生活中出现的频率越来越低，在文字媒介的使用排名上，已落在了电子阅读之后。

尽管如此，不少青少年还是保留了每天或每周阅读纸质书籍的习惯，这一比例在过去十年中一直稳定在40%左右。但他们的阅读方式和理解方式，还是悄然发生了变化。据阅读基金会的研究发现，目前青少年的阅读方式越来越趋向于碎片化。国际学生评估项目（PISA）的研究结果也表明，尽管许多国家都在基础教育阶段投入了大量财力和物力，但青少年的阅读能力却始终停滞不前，甚至出现倒退的倾向。这种现象发生在2000—2009年，主要涉及奥地利、比利时、芬兰、法国、意大利、加拿大、荷兰及美国[1]等国家。尽管市场上电子阅读器的种类和数量日渐丰富，但整个社会的阅读量却在不断萎缩。而阅读对孩子的智力和语言发展会产生极其重要的影响[2]。

数字化对阅读的影响分为三个阶段。第一个阶段中，少数人选

1　www.oecd.org/pisa/pisaproducts/pisa2000/ 和 www.oecd.org/berlin/themen/pisa-2009-ergebnisse.htm.
2　www.stiftungslesen.de/institut-fuer-lese-und-medienforschung/forschungsprojekte/vorlesestudie.

择将传统阅读与电子媒体相结合,但大多数人的阅读行为还是脱离于电子媒体之外完成的。第二个阶段中,自动化的、视觉化的和联网的电子阅读方式完全渗透到了文字阅读的全过程[1]。计算机使阅读方式发生了翻天覆地的变化,而我们则逐渐适应了这种变化。将文字与图标、图片以及其他多媒体元素相结合,就形成了一种能给读者带来更多视觉感受的新篇章类型。网络化阅读其实可视作一种文字交流方式,任何一位使用网络的读者均可参与其中。第二阶段之后,阅读再也无法脱离计算机了。第三阶段中,发生变化的不仅仅是阅读方式,还有读者本身。这是阅读方式彻底变革的阶段。此时的电子文章,在内容和功能上都发生了变化,读者的阅读习惯也因为多样化、多媒体化和社会化的阅读而被完全改变。当阅读发展至此,若离开了计算机,我们的阅读就彻底无法进行了。

要完成阅读行为,未来的计算机必须具备三个能力,即分析阅读行为、计算机辅助阅读技术、与网络紧密结合。通过对阅读行为的分析,科学家们能够对读者的阅读兴趣和阅读目标进行预测,找出最能满足读者愿望的读物,通过电子阅读器的推荐列表,满足读者的阅读需求。在提高计算机辅助阅读技术方面,我们的目标是将

---

[1] 请参看比尔科、马丁(Birker&Martin, 1997)以及巴荣(Baron, 2009)。

外语翻译成母语，使用新的措辞来表达，简化语言描述，去除专业名词或注释，压缩篇幅，加入视觉效果元素等。将阅读行为与网络紧密结合，已经得到了小说家们的欢迎[1]。随着互联网的发展，小说中的角色形象出现在了社交网络中。比如在Facebook上搜索小说搏击俱乐部（Fight Club）的主角泰勒·德顿（Tyler Durden），或莱尼·索瓦（Rainer M. Sowa）所著的小说中的角色——你就会找到他们"本人"的主页。在我们的实验中，通过对网络读者的阅读和交流方式进行追踪后发现，阅读已经逐渐转变成了一种社会行为。

未来的电子阅读器不仅要能显示文字，还要具备阅读模式切换功能。除此之外，未来的电子阅读器还要能捕捉读者的眼动轨迹，以便更好地支持快速浏览。读者还可以根据自己的阅读需求，运用"单词快速展示模式"阅读。未来电子阅读器中的科技文章，还可以加入一些视觉元素，比如小标题和大小不同的字体等。这样一来，就能使冗长单一的文章看起来更加简洁明了、便于理解。有时候读者还要以主题为单位进行阅读，此时我们就需要将文章内容划分为

---

[1] 请参看斯万诺夫斯基（Simanowski, 2002）以及（Simanowski, 2010），早在很久之前，多媒体就已经出现在文学创作中了，比如雷夫·拉辛（Reif Larsen）的"Die Karte meiner Traeume"（Larsen, 2009），或雷纳·沙普通（Leanne Shapton）的"Bedeutende Objekte……"（Shapton, 2010）。

不同的主题，用演示文稿一张张展示。这种文字阅读方式，适合每一种阅读情景和每一种阅读器。除此之外，这种按照内容划分文章的方式，也有利于计算机对文章进行分析。

　　内容分析是翻译和全文概述的基础，可以与不同的展示方式加以结合。内容梗概以动态方式显示在阅读器上——读者可以先浏览简介，从中遴选出感兴趣的内容，再点击鼠标进一步阅读。阅读器在后台分析读者的阅读行为并跟踪其眼动轨迹，据此给出建议，帮助读者进行阅读，该过程被称为"以理解为导向"的高效阅读模式。阅读书籍时，阅读器中的交互功能还能对书中内容进行补充，帮助读者深入理解原文。如果读者跳过了视频部分，阅读器就会将后续文字进行重新编排，如此一来，即便读者不观看视频，也不影响其理解文字内容。如果读者选择按照自己喜欢的顺序阅读一本书，阅读器就会根据读者安排的顺序重新编排这本书。另外，读者还可以根据兴趣浏览书籍内容，从中找出对自己有用的信息。

　　高效的阅读是合作式的，每位读者都可以将自己对某本书或某篇文章的读后感上传至阅读器，其他读者就能看到这些按照搜索关联度排列的读后感。阅读器为普通读者提供了一个交流和展示的机会。运气好的话，读者还可以和"著名书评人"甚至作者本人取得联系，共同讨论作品。网络上的阅读数据极具价值，不仅吸引了某些大数据处理公司的注意，还引起了政府的关注。但繁荣的网络阅读市场存在的问题也不少，需要国家尽快出台相关法律法规予以规范。

7.2 书 写

如果上述预测都能变为现实，将会给书写过程带来何种变化？未来的输入方法是否会变得更加智能化，就像现在的智能手机一样？不久的将来，用户可以通过目光对计算机光标进行控制，那么也就无需鼠标了。随着计算机技术的发展，语音输入技术会愈发成熟，这将在键盘输入和口述输入之间架起一座桥梁。另外，诸如格式化这样的指令，也可通过语音输入完成，以避免中断书写过程。用户在计算机上输入文字时，文字处理软件还能够在词汇使用方面提供建议或进行补充。用户只需敲击空格键，就能触发这两种功能，这可以进一步提高书写速度。文字处理系统可以在文章中插入相应的固定短语，甚至能对文章进行润色，使其风格更加突出、更易于理解。除了上述功能之外，未来的文字处理软件还能够对文章论据或修辞中的错误进行修改。

未来的文字处理软件还将配备更加完善的翻译功能，比如将一篇文章翻译成外语，但实现这一功能的前提是这篇文章在网络上已经有了对应的平行文本——计算机是不具备自主翻译能力的。计算机在写作方面提供的技术支持，不仅会涉及翻译，还会涉及篇章风格及内容理解两个层面。未来的文字处理软件能够简化科技文章的文体风格[1]。文字处理软件中会预先存储几大类文章类型的结构模版，用户输入的文章与这些模版类似时，就可以调用这些模版对自己文章的内容和表达风格进行修正，删除那些不符合模版的表达方式。上述技术能够进一步提高自动生成篇章的质量：如果用户对文字处理软件给出的建议比较满意，就可以运用该技术生成某些类型的篇章，比如报告或会议记录。如果作者想进一步提高文章质量，还可以对其进行润色和修改，创作出内容和形式更为鲜明的文章。

现如今的计算机在版面设计方面已经做得很好了。就算整篇文章只有一句话，计算机也能运用文字处理软件对其进行自动排版。如果作者想亲自对文章版面进行整体设计，计算机也能予以支持。当然，计算机提供的版面设计并不单单是给出一个简单的版式，而是根据文章的内容特别定制的。一旦计算机识别出文章中的错误，就会加以提醒，让作者决定是否纠错。而未来的文字处理软件，将

---

[1] 这一功能还被应用在了德意志联邦政府的官方网页上（www.bundesregierung.de），点击一下页面中的"leichte Sprache"（日常用语），整个页面上的文章就会被极大地简化，重新显示出普通人易于理解的语言。

更为关注文章中的概念和内容层面上的东西。在支持排版功能的文字处理软件出现之前,排版任务都是由专业的排版工完成的,随着计算机技术的发展,文章排版会越来越多地兼顾美学与可读性,而设计符合这两点要求的版面,需要极为广泛的专业知识。通过使用配备排版功能的文字处理软件,作者能够将各种多媒体元素加入文章之中。这种排版方式,尤其有利于撰写科技类或艺术类文本。

如果作者想在文章中加入其他的多媒体元素,只需输入几条简单的指令,文本中的文字就会自动与加入的多媒体元素相匹配,生成超链接,对文本进行分段。随后,文本编辑软件对文本中所有的多媒体元素进行排版,使之与文字相适应。作者还可以根据不同的使用媒介对文本版面进行个性化设计。例如,如果要将文本显示在智能手机上,我们可以把长篇幅文本切割为多个小篇幅文本,使其更加适应智能手机显示屏的大小——文本编辑软件可以对文本格式进行自动编辑。反之,如果要将文本显示在电子书阅读器上,就可以选择传统的类似于书籍的显示模式。未来的文本编辑器可以自动生成多种篇章类型:用户输入一篇说明文,文本编辑器就可以根据其内容自动生成一篇报告,还可以将说明文的内容分割成一张张"幻灯片",以便提高视觉效果。除此之外,未来的文本编辑器还可以自动生成文章中的图形部分,将文中的论据视觉化。

如今的网络，能够为写作者提供海量的视觉素材，仿佛一个大型的视觉图书馆。不久的将来，来自网络的内容会成为电子文章中不可或缺的部分。作者不仅可以参阅网络中的其他文章，还可以从中截取某些段落，粘贴到自己的文章之中。通过这种方式，我们就能将搜集来的信息保存在自己的电子文本中。在不久的将来，我们可以用文字处理软件在电子文本中加入与其语言风格一致、版面设计浑然一体的新元素，这些新元素就是作者精神财富和内心世界的写照。写作过程中，文字处理软件还会将社会层面的因素考虑在内：计算机会在后台用类似于维基百科的分析方法，对文章的每一部分进行分析处理，即对网络上搜集到的所有相关信息进行整合，为作者提供修改建议。作者可以参考这些修改建议对文章进行修改，使其更加完善、更具备说服力。文字处理软件的社会功能将会进一步完善，从而产生文章变体。

未来的文字处理软件也支持多位作者进行合作写作。文字处理软件不仅可以实现多人同时审阅文章，还可以检测文章的完整性及连续性，标注出相互矛盾的部分，并给出修改建议，来帮助作者们实现相互合作。文字处理软件的这些功能，甚至可以被运用到文学创作中去。网络化使得书写和阅读这两种行为之间的时间间隔越来越短，网络聊天室中，阅读和书写几乎是同时发生的，两者以书面文字对话的形式结合在了一起。阅读融入到了书写过程中，书写也融入到了阅读过程中。书写和阅读之间的这种紧密联系，只有通过网络才能实现。我们可以预想，不久的将来，在作者专业的书写过程中，一定会伴随着"伴读者"，这些伴读者随时能够对文字进行评价，为作者提供意见，而作者无疑也能从这种即时的反馈中受益。

　　以科技为支撑的未来写作，使得人类的部分写作能力逐渐为计算机所取代，这必然导致人类阅读能力的不断退化。显然，当计算机能够对单词拼写及标点符号进行高效率的纠错时，人类在这方面的能力就会下降，越来越被动地接受计算机所给出的建议。在外语学习过程中，我们都有这样的经验：阅读外语文章比书写外语文章要简单许多。事实上，这一规律同样适用于母语。现如今，计算机辅助写作所产生的副作用，已经在母语使用者身上有所显现了[1]。当然，我们不能将青少年所写的文章，完全等同于他们实际掌握的写作能力[2]，因为他们的写作能力将会随着年龄的增长而不断增强；尽管如此，计算机辅助写作带来的负面影响还是不容忽视的。与西方

---

1 请参看斯坦费尔德（Steinfeld，2009）以及库尔茨（Kurz，2012a）。例如digital Native这个概念指的就是一直生长在数字通信技术中的一代，请参看帕尔弗雷德、加西尔（Palfrey&Gasser，2008）

2 杜塞德（Dürscheid，2010）及（Dürscheid，2011）中得出的结论是：青少年还是能够分辨出短信交流与口语交流的。

文字一样，计算机也给中国汉字文化的发展带来了巨大的变革：计算机技术支持下的写作不再像传统写作那样，需要作者逐字书写，而变成了一个从计算机给出的建议中选择合适表达方式的过程。如此一来，人工书写的正确率就会日渐降低，提笔忘字的现象则会日趋严重。在如今中国的年轻人中，能够准确掌握汉字笔画顺序的人变少了，年轻人能手写出来的汉字也减少了，他们所能记住的，只是些最常用的汉字罢了。在这样的趋势下，那些字形复杂、使用频率不高，或只出现于阅读中的汉字，其未来的命运将会如何呢？它们的字形是否会因此而发生变化呢？

数字时代的到来，将拉丁文等字母文字的发展逼入一个十分尴尬的境地。现如今，印刷文字大行其道，手写文字日渐减少。比如在德国，越来越多的联邦州府选择使用统一的字体印刷教科书[1]，能书写一手秀丽且容易辨认的手写体的人越来越少——显然，造成这种现象的原因是：学生们即使是在学校也很少握笔书写，而是更多地选择用键盘输入[2]。过去，很多人都能够熟练地使用不同字体书写信件、便签、办公室公告、外文等等文字材料，而现如今，人们的

---

1 请参看 http://www.faz.net/aktuell/reform-der-lehrplaene-die-schreibschrift-stirbt-aus-12932933.html。
2 拉德凡（Radvan，2013）中讨论了将数字书写与手写在课堂上予以结合的可能性。

这些技能也在逐渐退化。语音输入软件的功能即便再强大、输入错误率再低，也不能完全替代人类完成整个写作过程。口语是一维的，脱口而出的话语瞬间就消失，书面文字是双维度的，可被记录于纸张等平面媒介之上，并且可以加入许多多媒体元素。口语与书面文字之间这种天然属性的差异，导致我们不能完全依靠语音输入法进行文字输入，而只能将其作为一种辅助手段来使用。

数字化在很大程度上影响了文章的生成。这种影响是从表达层面开始的：文字处理软件给电子文本的修改带来了便利，单词、句子、段落等，都可以被轻易替换或剪切、粘贴到其他地方。一般情况下，我们在输入文字时无须关注拼写错误和篇章的完整性，这使得写作过程更加自动化，写出来的文章也更加流畅，然而，这样写出来的文章或许看起来会有点儿不大正式，修改起来也更费劲。随着计算机文字处理软件参与到写作过程之中，初稿与终稿之间的差异也越来越大。一旦作者不再用认真负责的态度创作文章，读者看到的将会是不完善的半成品。这样一来，作者的"写作思维"也会发生翻天覆地的变化：计算机将作者从思考如何准确表达的任务中解放了出来，但却损害了语言表达的深度，而这样的深度，只有通过作者不断反复地对词汇表达进行思考和推敲才能达到。篇幅短小的独立篇章，会是计算机时代电子文章的发展趋势。在此背景下，篇幅冗长、结构复杂的文本，将很难竞争得过有利于网络传播、篇幅短、结构灵活的文本。

这些变化给我们的写作思维带来了哪些影响呢？至今为止我们还不清楚。但可以确定的是，将写作过程中的部分任务转嫁给计算机，会将作者从繁琐的文字处理工作中解放出来，不必再花费精力处理诸如拼写、标点符号、风格、语言正确性之类的"低级"错误——这些问题目前计算机已能高效处理。计算机的介入，尽管有助于减轻我们的写作负担，为作者节省出了更多的精力和时间去关注文章的内容及思想，但却极大地降低了我们处理这些基本语言问题的能力，令大脑得不到应有的锻炼。脑科学家曼弗雷德·施皮策（Manfred Spitzer）认为，计算机参与写作给人类带来的负面影响，要远远大于其发挥的积极作用。在他的著作《数字痴呆化》（*Digital Demenz*）中，曼弗雷德列举了数字化给大脑发展造成的一系列不良结果。在创作过程中，如果作者不是在用手写字，而是用手在键盘上打字，那么人类对于文字的感觉，将会趋于弱化[1]。

长此以往，将会像我们使用车载导航仪一样，产生相类似的后

---

[1] 请参看施皮策（Spitzer，2012:180-183）；请参看玛利亚·克尼克瓦（Maria Konnikova）在《纽约时报》上发表的文章（http://www.nytimes.com/2014/06/03/science/whats-lost-as-handwriting-fades.html），文章总结了一系列关于手动书写对人的感知效率以及注意力影响的研究成果。

果。导航系统能够自动规划路线,协助司机快速到达目的地,使司机将注意力更多地集中于驾驶动作上。如此一来,司机就很难"掌握"城市的地图了。此时,一旦失去了导航系统的帮助,司机甚至会找不到回家的路线。如果没有导航系统,要在陌生的城市里找到目的地,司机就必须能看懂城市地图,能识别出地标性建筑,能估计出距离远近,能适应不同的行车环境。同时照顾如此之多的方面,固然会令司机分心,但却会在司机的脑海中逐渐形成一幅城市交通图。同样的道理,当我们运用计算机进行书写时,很容易对其产生依赖,一旦这种依赖形成,要再凭自身力量在语言的海洋中为自己"导航",那就变得十分困难了。

7.3 研 究

在科技领域,阅读和书写扮演着极其重要的角色。在第一次使用了打字机后,弗里德里希·尼采如此感慨道:"书写工具与我们的思维息息相关。"[1] 理论、方法和研究结果以论文或著作的形式被他人阅读。科学家大部分的工作时间,都是在阅读其他人的论文中度

---

[1] 克里、莫提那日(Colli&Montinari,1986:172)

过的。随着数字化的发展，研究领域中的阅读和写作也发生了翻天覆地的变化。受此影响，科技论文也发生了极大的变化。科技论文的阅读方法与众不同，其文章结构要能引发读者对研究对象的思考。因此可以说，科技论文的阅读和写作方法，直接影响着知识构成本身。另一方面，在许多科学研究领域中，论文不仅仅是阅读的对象，而且还可以被作为研究对象。例如在文学、语言学、历史学、神学、哲学等领域中，尤其是在历史学领域，他人的论文经常是被当作研究对象的。因此，其他研究者会以极其认真和精益求精的态度，阅读这些被当作研究对象的论文，尤其特别关注论文中的某一方面，以便从中找出自己所需要的部分。

科技论文有三个主要特征，这些特征均以方便科学知识的交流和传播为目标[1]。首要的目标是传播真实可靠的信息，即论文的作者必须是论文中所有内容的首创者，还必须包含著作权及各种标明著作权的标志（如作者姓名、所属单位等等）。第二个交流目标是将论文的专业性清楚地展示给读者。要达到这一目标，作者就要尽量使用专业词汇，避免口语化的表达。除此之外，还要学会熟练运用修辞手法和写作技巧，调整论文结构，适当引用其他已发表的权威学

---

[1] 请参看卡维尔拉普、鲍曼（Kalverämper&Baumann，1996）。

术论文充当佐证材料。第三个目标是用正确的方法进行引用，也就是在自己的论文中加入相同或相似研究课题的其他出版物。引用有着很严格的规则，凡是引用都必须有统一的格式，只有这样，才能将论文中由作者自己创作的"新"内容，与借用自他人的"旧"内容区分开来。

然而，电子文本容易被修改的特点，却给科学家们带来了一定的挑战。对于学术出版物，大多一经出版，便不再被修改，即使是发表在网络在线科技期刊上的论文，也是不能被随意修改的——这些论文通常都是PDF格式，论文上明确地标注着日期。PDF格式的文件格式固定，内容不易被修改。某些电子显示器所谓的高端显示方法，并不适用于展示科技论文及专著，但却可以用来展示科普教材。从严格意义上来讲，科普教材并不属于科技论文的范畴。由于科普教材更加趋向于实现教育目的，因此必须能够在各种各样的电子终端设备上进行显示。有些科普教材有电子书版本，还配备有特别的交互功能，只需一款合适的电子书阅读器，读者就能进行阅读。现如今，已经有多家出版社在亚马逊网站的Kindle商店里开办了自己的网店，为读者提供各类科普教材的电子版，这些出版社包括Springer或Wiley这种大型出版商、UTB这种出版联合企业及本书中提到的各类中等规模出版企业。

一篇科技论文必须至少引用一位或多位著名科学家的言论和观点。但通常我们认为，具备搜索功能的计算机软件是不能被加入到文献引用者的名单中去的。根据这一标准，计算机软件自动整合而成的科技文章是否能够算得上是真正的科技文章，就有待进一步论证了。现如今的文字处理软件能够对科技论文进行自动分段及自动纠错，这两项功能已经为科技论文的写作起到了极大的辅助作用。但要提高计算机的文字处理功能，还有一个问题必须注意：机器翻译过来的科技论文到底能保留多少原文的真实性。机器翻译系统真的可以完全等同于译者吗？即便用计算机将科技论文展示出来，也面临着有可能失去原文真实性的问题。虽然存在着问题，但现如今的计算机技术至少能够保证将纸质文本不失真地完全展示在电子设备上了。能够实现这一步，首先是因为现今纸质科技文章的形式已经十分多样，大多已经不再遵守科技出版物（如论文和专著）的基本格式。其次，某些软件系统（如苹果的iBooK）已经可以实现将纸质教材中的内容完全移植到电子屏幕上，方便我们随时加入一些视觉元素或表格图形，这就是演示文稿软件的功能。

　　演示文稿软件是运用多媒体技术展示科技论文的主要途径，这种展示方法会随着时间的推移逐渐被运用到其他的篇章类型中去。科学领域中的图形化展示模式（即通过展示每一部分及其相互关系来说明一个抽象模型的意义）拥有许多有趣的特点：文字极少，很容易被转换成其他语言,因而非常有利于促进科学知识的国际化传播。国际会议中的报告如果加入的视觉元素较多,就会更有利于各国科研工作者理解,演讲者也不必困扰于要用自己不熟悉的外语去解释。图形化展示的基本原则基于视觉隐喻——比如一个天平或一个圆,即用最简单的图形将演讲者的意思表达出来,为读者更好地理解语言营造一个良好的环境。

在演示文稿中增加视觉元素比纯粹使用语言的效果更好,因此演讲者应当尽量避免使用纯语言来论证观点。但纯粹使用图形化展示方法也是行不通的,它必须与语言描述结合起来,才能更为完整,因为图形本身的意义也需要用语言去解释[1]。除此之外,图形展示法的效果也与其展示媒介,即电子阅读器紧密相关。这些充斥着多媒体元素的科技演讲稿,几乎不需要作者具备极高的科技写作水平,只需熟练掌握分段规则、正确把握在演示文稿中加入语言说明的时机、选择合适的论证修辞、弄懂科技论文的引用规则,就可以编辑出一篇完美的演示文稿[2]。在科技电子文本中,展示图形或将文章中的各种元素结合起来,对作者的语言表达提出的要求极高,作者必

---

[1] 请参看罗宾(Lobin, 2013)。
[2] 请参看埃勒西、施泰茨(Ehlich&Steets, 2003)或畅销书作家爱斯鲍尔·科隆比格(Esselborn-Krumbiegel, 2008)。

须学会科技论文语言表达的方法，才能完成上述两个任务。

　　学术写作本身就是一种社会行为——以学术讨论的形式对个人的写作造成影响，以共同写作的形式出版学术论文或专著。大部分科技论文的作者都不是一个人。维基系统中的许多作者同时处理一篇文本，给予了科技写作极大的技术支持。现如今，应用得最为广泛的两项协作式写作软件功能，就是文字处理软件Word中的跟踪修订和插入批注。尽管现在的文字处理软件还不具备对文本进行系统的"版本修订"，但却能够通过对比两篇文本找出它们之间的不同。除此之外，文字处理软件对文本的每一次修改痕迹都能够为作者所见，作者可以自行决定是否保留这些修改意见。文字处理软件不仅能记录文章每一部分的作者，还能记录每一次的修改内容及批注。

　　协作式写作在科技论文的创作中也扮演着极其重要的角色，米歇尔·奈特维希（Michael Nentwich）与雷诺·柯内西（Rene König）将协作式写作归入到了"网络空间2.0"中[1]。用社交网络或微博（比如Twitter）进行科技交流，也许能带来比传统交流方式更好的效果。尤其是科技博客[2]，已然成为了一种处在传统科技论文与非正式交流方式（如讨论会或信件往来）之间的、利用网络进行科学交流的全新

1　请参看奈特维希、柯内西（Nentwich&König，2012）。
2　请参看Springer出版社的SciLogs，www.scilogs.de。

模式。博客最重要的一个功能就是允许他人对博客文章进行评论，这就为我们提供了一个展开科学讨论的网络阵地，即通过发表网络博客及评论实现协作式创作。某些电子书系统也具备类似的功能，这在前面的章节中已有所涉及。运用社会阅读中的类似方式，当然也能够对科技论文进行评论。特别有趣的是，科学家还可以将未完成的文章下载到自己的Kindle上——无论Word版本还是PDF版本均可——随时查看。由此可见，除了完整的、发表在博客中的论文，可以被评论的还有文章草稿和协作式修改过程。

就在十几年前，文学家们查阅文献还必须去图书馆。图书馆里陈列着上千册书籍和期刊，各种最新的研究成果均囊括其中。这些已出版的学术著作就是今后所有学术成果的来源和基础。一位致力于某一特定问题研究的科研工作者，有许多途径去查找自己研究领域的参考文献。他可以查阅图书馆中的目录卡，还可以前往专业图书馆查找专业书籍。以这种方式找出的书籍或论文，科学家们通常都不会将它们按字母顺序排列，而是会根据其对于自己研究的重要程度，按照关键词进行排列。图书馆的索引卡片上印制着每本图书的具体位置，许多大学生都是在给教授查找参考文献中度过了自己的大学生涯。

现如今，查找文献已被数字化技术所改变，索引卡片已经完全消失了。许多学术著作已经不再被陈列在书架上,而是存储在电子终端中,方便读者查阅。这一趋势在学术期刊领域发展得尤其迅速——几乎没有我们在网络上找不到的学术期刊论文。除此之外,许多书籍或某些书籍的部分章节,也能够在网络上找到电子版。科研工作者们只需在搜索引擎中输入关键词,就能查找到这些电子版期刊或书籍。输入关键词进行搜索是一种快速的"笨"办法。自动搜索大大减轻了科研工作者的工作量,但同时也导致大量研究者失去了浏览本领域所有学术出版物的宝贵机会。未来将会出现更多服务于学术著作查询的专业学术搜索引擎(如谷歌学术等)。这类学术搜索引擎能够按照语义学原则对搜索关键词的内容进行分析,找出关键信息,再根据这些关键信息找出更符合所查找的概念的内容来。除此之外,未来的多语种搜索引擎还将支持跨语种搜索,即将某一概念用某一种语言输入到搜索引擎中,搜索引擎就能够搜索出各个语种中与此关键词相关的内容。学术出版物都是以电子版的形式提供给读者,如此一来,研究者不仅可以搜索到与某一主题相关的所有学术出版物,还可以建立起自己的学术图书馆,将所有感兴趣的电子版学术著作分门别类地存储进数据库中,以便今后用文本编辑软件写论文时进行查找和引用。现今有一款文献管理系统可供科研工作者们使用,它的名字叫做 Citavi(文献管理与知识组织)。运用这一数据库，科研工作者们就能够将研究文献安排在关键词系统中，用这一关键词系统，一本书的内容结构就能够被描述出来。学术出版物中的引用部分和观点一方面与这本书有关，另一方面还可以配有自己的关键词。根据文献进行调查研究的部分过程，是可以通过计算机自动完成的，只需敲一下键盘，就可以将引用插入到正在编辑的文本中。等到整篇论文完成后，文本编辑软件就可以自动将所有的引用都以尾注的形式显示在论文最后。Citavi甚至可以从关键词系统中提取出某一个章节或某一段落的文本文件，并保留该文本文件中所包含的所有的被引用文献。这样一来，学术阅读、组织文献及写作之间的界限就会越来越模糊。

随着数字化技术的发展，文字本身也成为了学术研究的对象。诸如文学、语言学、历史学或哲学（如古典哲学或中世纪哲学）等学科都是将文字作为原始研究对象的。文字这种文化产物一旦以电子文字的形式出现，上述这些科学领域中的研究方法就必须随之改变。第5章中我们已经提到了数字化给社会学科带来的影响（5.2）。未来我们能够预见的是，将会有更多的智能方法被运用到社会学科的研究中去，帮助社会学科的科研工作者们更全面、有效地分析文本内容。分析历史文献及其作者时，甚至还可以建立起一套类似于社交网络的网络系统——只不过这套网络系统里的内容均来源于古代。

未来的社会科学家在研究分析各种文化产物及行为时，离不开高度智能化的计算机——所有的文本、图片、符号及数据都被存储在计算机中，科研工作者们可以运用这些信息来完成许多基础工作。比如，总结某一作品相较于同时代其他作品的独特之处，找出作者与作品之间有何联系、对作品又造成了什么影响，查找某一作品的历史背景、创作背景、地域背景等信息，并对其进行分析与整合。

7.4 学习

读书并不是人类学习的唯一方式。学习是一种很宽泛的行为，通过学习我们能够获取知识和技能，增强我们的行动能力，完善自己的观点，做出正确的决定。除了读书之外，我们还可以通过写作进行学习。广义上来说，学习这一行为对教育的意义十分重大，它能够帮助我们重新塑造个性。学习这一人文主义的训练过程，包含两个方面：阅读和写作以及对作品进行阐释。但长期以来，大家一直都将学习等同于阅读和写作，因此直到现在，我们的教育还是围绕着培养这两种能力展开的。现如今，数字化的发展已经对文字产生了巨大的影响，这种影响也逐渐改变了我们的学习方式。通过阅读和写作进行学习的方式，将会向哪个方向改变？要正确预测这一问题的答案，首先必须了解哪些是我们要学习的内容。

通过阅读进行学习，适用于传授系统化的、既成科学事实的知识。比如在学校学习的时候，我们的教科书就是将知识按照一定顺序进行系统化排列的。例如，化学实验书中的每个实验内容都是按照实验步骤的先后顺序安排的。教科书中的语言简洁凝练、通俗易懂，再结合一些其他的元素，就更加生动形象。比如，现如今的学生用书和教师用书已经高度多媒体化，更加注重在学习过程中给予学生更多的视觉刺激。数字化发展带来的多媒体化趋势恰好满足了这一需求。教师可以将教科书中的内容通过多种多媒体渠道予以展示，以便激活学生大脑中的各个模块。当我们用多媒体的方法进行学习时，激活的不仅仅是关于某一所学概念的语言模块——通过听历史人物的名字或读历史事件的发生年月，还有其他模块——通过欣赏书中历史建筑或历史人物的图片、研读历史关系的图表或查找历史事件发展的时间轴。

　　如果学习的过程中还有机会主动进行研究，那么就会激发起人类大脑中更多的潜能。例如自主描画一个历史人物的关系网络图，自己安排化学实验的步骤，再对步骤的正确性进行验证，看看会发生什么[1]。未来的学生用书和教师用书都将会变成电子书，而这些

---

[1] 类似的数字教科书有eChemBook，这是一种数字交互式的化学教科书，是由莱布尼茨媒体研究所（Leibniz-Institute für Wissensmedien）发明的（请参看http://bit.ly/1pgSCvW）。

电子书就能实现上述这些功能。当然，无论教科书变成什么样子，对知识点进行准确的文字描述始终是不可或缺的一部分，毕竟许多内容只有通过文字这一载体才能够描述清楚，例如论据、理由、假设、想法和感受。将文本中的文字部分与非文字部分结合在一起，传统阅读就变成了多媒体阅读。现如今的教科书正在向这一方向发展，已经出现了所谓的"E学习"，也就是计算机支持的学习。E学习这一概念就是指一组学习者在学习过程中使用计算机并通过互联网进行网络交流。如同我们在5.4中看到的那样，阅读的社会化发展会引发对内容的讨论，并提高学习效率和学习动机。知识管理功能也要包含在学习过程中：在字典和词库中查找信息，在网络上搜索原始信息，对学习资料进行选择。未来的阅读学习将会通过具备社会功能的多媒体电子书阅读器来实现，以方便读者查找各种知识的来源。

未来的阅读方式不再与阅读的内容紧密相关。新型教科书包含众多多媒体元素。传统教育中，学生获取知识的途径是阅读古书，在拉丁语和希腊语课堂上阅读古代先贤的著作，在德语课、英语课及法语课上阅读新时代作家的著作，在历史课上阅读历史文献。学生大部分时候读的都是外文书籍，通过阅读这些外文书籍就能了解对方的语言和文化。有些古德语比较艰深难懂，仍然需要教师进行注释和解读。

在不久的将来，所有的古代文献都会以电子书的形式出现在课堂中，这将会大大提高学生的学习效率。电子书阅读可以方便读者理解语言，它能够针对学生的特殊需求给予恰当的引导。电子教科书中也备有其他能够为学生打开更多学习途径的多媒体元素。除此之外，电子教科书还能通过在文章中加入批注、作记号、将文章的特点显示出来等方法对知识点进行阐释，帮助学生在没有教师引导的情况下顺利进行阅读。另外，未来的电子教科书系统还能通过电子文本将读者联系起来，实现阅读的社会化功能。与普通电子书不同，使用电子教科书的教师能够通过与学生的互动，更好地掌控整个学习过程。

通过写作进行学习，能够同时完成多个目标。首先，学习者掌握的第一门技能就是写作技能。写作技能习得通常和语言习得（学习一门外语或翻译技能）密不可分。然后我们再学习如何以方便读者理解为原则来组织内容，比如在文章中加入批注、摘要或用各种方式阐释内容。现如今，我们的写作技能都是在学校的作文课上通过不断练习写文章而习得的。古代的人们更注重文字的外观——那时候书法课也是学生在学校里的必修课程。随着计算机技术的发展，现代教育面临着如下问题：学校是否应该、在多大程度上、在什么时候用"键盘输入教学"替代"手写文字教学",在课堂上教授学生使用计算机文字处理软件对电子文本进行处理。

如同我们看到的,电子写作不仅可以在多种媒介上进行,还能改变我们的写作方式。多变文本——多样的"展示"方式、突出的自动化特征、明显的非语言媒介以及广泛的网络传播等特征在电子写作中体现得越来越明显。电子文本的外观由版面设计决定,这也就意味着,如果一个人具备极佳的排版能力,就相当于能写一手漂亮的好字。版面设计的风格能在一定程度上反映出设计者的个性。

不久的将来,我们的写作课就必须包含计算机写作内容。教师要教会学生如何使用计算机中的文字处理软件创作出包含多媒体元素的文章,并将信息用图表进行可视化加工。翻译外语文章时,计算机中装配的翻译系统也会起到极大的作用,学生不必掌握多么高的外语技能,就能够完成翻译任务。该系统支持多名学生同时进行翻译,还能根据学习者的个人特点自动设计一些单词练习题。未来的学习过程中,计算机的参与度将会变得很高。大数据将被用来设计练习题,每位学习者所得到的练习题都是个性化定制的,既不会太难,也不会太容易。当然,要实现这一目标会给我们保护数据安全的工作带来新的挑战。

正如本章开头所讲的那样,数字化及网络化时代到来之后,图书馆的作用就越来越小了。传统图书馆在文化传播方面所发挥的作用将逐渐被削弱，取而代之的是通过搜索引擎进行的网络信息传播。图书馆里分门别类的知识架构，越来越不适应新时代的学习要求了，因此，学习者们必须掌握更多获取信息的技能。

7.5 获取信息

阅读文章最重要的目的就是获取信息。读者获取信息的基本途径包括以下几个步骤：首先，文字信息被印刷在纸张上，以利于更好地保存和传播；随后，这些文字信息通过阅读行为传播给读者。随着电子文本的出现，这一传统阅读过程发生了极大的改变——文本信息被存储在显微镜下才能辨别的小平面上，以极快的速度在数据网络上进行传播或调取。通过阅读文章，我们能获取最新消息、获取其他人的信息、了解他人的经历及个性。在对信息进行分析时，新闻和专业新闻这两个概念的侧重点完全不同，因此搜索出的相关文献也来自于不同领域。对于所有需要处理信息的领域来说，数字化给专业写作带来了极其重大的影响。阅读电子文本的方式也发生了变化，出现了退回纸媒时代的趋势。

自印刷术发明以来，报纸出版的过程和步骤就已经基本固定了。

而现如今，用互联网或其他移动多媒体电子终端出版报纸的发展趋势越来越明显。网络新闻业将人和文本的网络化趋势以及在网络上能够进行快速交流的优势，与传统印刷出版业的优势结合了起来。网络新闻工作者们并不仅限于对文本进行编辑，他们还会用各种各样的方式对报道的内容进行丰富和扩展，其中就包括对非文字元素的使用。网络新闻工作者必须能从读者简短的反馈中研究他们可能的反应。

与传统媒介一样，新信息传播平台，诸如Twitter、社交网络、博客等，也需要即时信息。而我们在写作时也必须考虑到这些电子信息传播平台的特点。手机应用上的文章与《法兰克福汇报》上印刷的文章截然不同，Twitter上的最新信息与其他通信社出版物上的最新消息也天差地别。网络新闻工作者写出来的稿件更加模块化，他们能够将大块内容分割成独立的小块，然后再将这些小块用超链接的方式联系起来。如果读者对这个话题感兴趣，就可以通过点击这些链接，来了解更多的相关内容。多媒体写作和社会写作在网络新闻业中已然成为现实。

《明镜周刊》最近在主页上做了一个关于数字报纸的调查问卷，调查网民对于未来的数字报纸有何期待[1]。上千名网民都表示有必要

---

[1] http://www.spiegel.de/static/zeitungsdebatte/。

创办一张每晚更新的"晚报"。这张晚报每天晚上更新内容，将本日发生的所有新闻搜集刊出。这种晚报应当设计得比较适合智能手机或平板电脑，不必印刷成纸质报纸。

调查结果显示，网民最希望该晚报具备的特点就是人性化，打开报纸主页时会看到欢迎语，报纸能根据每位读者的个人喜好定制推送内容，还能将朋友和熟人感兴趣的内容告知读者。除此之外，晚报还应向客户提供各种各样的服务，如城市交通实时路况、商品打折信息或信用卡消费指南等。此外，该晚报还应搜集到读者周围环境的实时信息，帮助读者做出合适的应对措施。晚报的第三个特点是交互性。晚报的读者能够参与到报纸的"编撰"中——读者不仅可以直接对报纸内容进行评论，还可以通过"网络聊天"、"撰写博客"及"发表短评"等形式，将自己的意见以多媒体图片、视频及音频的形式表达出来，与报社实现互动。

一旦读者给出反馈，报社记者就必须对其作出回应，通过报纸进行的交流不应当是单向的。传统的、由人编撰的报纸主要是用来"传递信息、以供娱乐"的，是"世界之窗"，是"各种观点的汇集之地"。未来由计算机自动生成的报纸将不仅仅包含文字，而且还会加入许多新元素，成为集多种多媒体元素和社会元素于一体的混合型报纸。这也是挽救古登堡时代末期报纸危机的方法之一。

报纸编辑挑选出来的有价值的信息，也开辟出了一条用文字传播信息及通过文字获取信息的全新道路。Twitter的对话功能在实现多人同时进行信息交换时非常有效。无论是示威游行、政治事件，还是违法犯罪、交响乐音乐会，各种各样的信息、评论、情绪及图片都充斥着Twitter。如果想在Twitter上查找与某一事件或主题相关的内容、了解实时信息，Twitter用户只需用好所谓的主题标签（Hash Tags）功能即可。在主题标签中输入某一关键词，就会搜索出许多条相关信息及图片，这些图片及信息会按照其发表时间从新到旧按顺序排列。按照主题标签搜索出来的结果，虽然未经挑选，但却是鲜活的实时信息，只不过要阅读这些实时信息，读者必须拥有一部能联网的手机。

  Twitter对每一条微博的字数都进行了限制，由此催生了新的书写环境。微博信息非常适合那些使用小型便携式电子终端的用户，即便在时间紧迫的情况下，用户也能够写出一篇完整的短文。即使不具备手工书写文字的条件，用户也能够通过文字手写识别系统（在触摸屏上用手指大概画出字形，计算机软件对其进行识别）输入文字，完成电子文本的书写及发布。一旦通过微博实现了即时交流，那么下一步用户就有可能一边用大拇指在智能手机上进行操作，同时另一只手还可以拿着招贴画或旗帜进行游行。未来的微博技术中还会增加对这种即时交流信息的自动评估功能，从而将单独的每一条信息组成相互链接的网。地理信息可视化技术（即识别通过短消息功能发送的图片的技术）也将被引入。

　　自动化及多媒体化趋势同样存在于技术资料中。现今标准化批量生产的工业生产方法，是满足消费者意愿的前提，但要更好地满足消费者的意愿，生产者必须仔细地了解产品的操作说明、维修方法及核心技术，才能进一步扩大销售市场。例如，一位顾客想要购买一辆定制款汽车，厂家就能在成百上千的同类型汽车中挑出一辆，对其进行个性化加工。未来的技术资料必须能够帮助生产者生产出符合消费者个性化需求的产品。由于个性化产品技术指导资料的造价过于昂贵，因此未来的技术指导资料都不会太具体，而是以大纲的形式提供给生产者。如生产者要查询某一种类型的产品，只需在技术资料中打开对应的链接即可。这种电子技术资料中还可以加入文本自动生成功能，以便直接将符合消费者需求的产品技术资料从数据库中调出来。运用同样的方式，我们还可以对与产品使用相关的各种法律或技术文档进行管理[1]。

　　下一步就该生成多语言技术资料了。在多语言文本中，尽管语言不同，但文体的内容都是相同的，概念都是对应的，以便生产者

---

1 请参看罗宾（Lobin，2000b）。

在加工产品时进行查询。多语言技术资料构成了一个数据库，生产者可以根据消费者的需求从数据库中搜索出所需的技术资料——符合某个国家消费者需求、用某种语言撰写的某一特定产品。

在技术资料中加入图片的作用非常大。图片能够清晰地展示出该段文字所描述的到底是机器中的哪一部分。平面图解能够突出所示部件的重要特点，动态影片在展示操作流程上比语言描述的指导手册更加实用。因此，图文并茂一直以来都是技术文件领域的重要表现形式。不同媒介在内容展示方面的优势各不相同：语言多用于描述知识、展示背景、书写提示及警示，图片多用于呈现空间关系、展示运转过程、吸引读者注意。图片中的说明文字、链接及插入的文字，文本中的图示及符号，所有这些元素融合在一起，就构成了一篇完整的技术文档。

现如今，电子维修手册中的文字、图片或视频不仅是相互融合、相辅相成的，而且在时间上还是同步的。这种技术被称为"增强现实"（Augmented Reality，简称AR）。通过显示器显示出真实世界的"真实"图片，比如汽车的发动机，然后在发动机旁加上一些附加的、"虚拟的"信息元素，如指针、文字说明、模拟行为，所有的这些信息元素就好像在真实世界中也存在一样。智能手机和平板电脑上就可以使用这种简易的AR技术。将集成照相机对准某一真实场景，智能手机屏幕上显示的就不仅仅是相机获取的真实场景，还有从图片上截取下来的虚拟店铺和饭店。

AR技术还可以用于操作复杂的技术系统，使技术人员的注意力全部转移到任务上，避免技术人员在操作的时候不停地在系统和维修手册之间转换注意力。AR技术的特制眼镜能够自动搜集周围的信息，形成三维立体图像，并将其投射在小显示屏上，从而解放技术人员的双手。使用了这项技术，文字也能变成可以被感知的世界的一部分，成为现实世界的文字注解。文字从媒体上分离了出来，变成了空间里的一个三维物品。谷歌公司于2014年投放市场的谷歌眼镜，使得增强现实这个概念进入了大众的视野。尽管该款眼镜能够搜集的信息有限，但它仍迈出了坚实的第一步。

信息获取渠道的发展，离不开对信息的控制。信息是政治、经济和社会发展的必要前提。大量的数字信息可以被存储在极小的芯片上，并通过网络快速传播。这些信息还可以被随时修改，并且大多数情况下不存在"侵犯版权"的问题。在信息通过印刷品传播的时代，只有将印刷出来的书本复印并分发给读者，知识和信息才能传播出去，这就容易引起版权方面的纠纷，而电子文档则较少存在这样的问题。

现如今，信息传播已经不再像过去一样，从信息发出者直接到信息接受者，而是通过由成千上万台计算机组成的数据网，以及由互联网服务商铺设的上千公里的数据线路进行传播的。互联网上的信息极容易被修改或截取，比如电子邮件、社交网络或网页信息等等。我们能确定美国国家安全局一定没有掌控Twitter的后台入口？因此，即使是信息言论相对自由的互联网时代，各大互联网公司仍然掌握着信息控制的主动权，以便对某些威胁国家安全的言论进行过滤[1]。某些涉及国家安全的事件，Twitter上的图片和消息及大众的舆论导向，都是可以被幕后推手所操纵的。互联网上的其他社交网络也存在这样的现象。我认为，这种看不见的言论控制行为，其本质就是一种对网络信息有意识的筛选和编辑，这种筛选和编辑的原则，就是文章的中心思想要符合国家的利益。社交网络上的言论控制和信息管控的方式十分多样、范围极其广大——只有像爱德华·斯诺登（Edward Snowdon）这样的告密者才能窥见一斑。

  本章所探讨的主题是数字化给写作带来的变化，以及文字对研究、学习及信息获取造成的影响。所有涉及的变化都适用于阅读方式的多媒体化发展，即电子书阅读。未来的电子书阅读器能够将小说中出现的人物、地点和事物直观地呈现出来，给予读者更强烈的

---

[1] 请参看《明镜周刊》http://bit.ly/HOdERt。

视觉刺激。通俗文学至少在某些方面能够与科技文章使用同一种处理方式即数字化处理方式。现今的某些出版商，已经尝试将某些畅销图书改编成场景式的"插图文本"——例如美国作家丹·布朗（Dan Brown）的小说《达芬奇密码》就有"特制插图版"。

  许多作家从创作一开始，就给自己的作品注入了不少多媒体元素，以便作品适应现如今的"跨媒体"传播方式。平板电脑可以将大量的文字信息转换成视觉效果极佳的图片，从而提高读者的阅读效率。社会性会提高读者的阅读乐趣——上文中也提到了研究和学习中的阅读方法。现如今，流行文学领域中已经出现了能够将每一位读者连接起来的新式阅读方法。流行文学作品的内容受读者好恶的影响和引导，部分内容甚至能够根据读者的需求进行自动更新。作者们必须学会在创作的同时，将多媒体转换的可能性考虑在内。除此之外，作者还必须考虑读者提出的意见，注意提高作品的戏剧性，根据读者的需求对人物、场景及情节进行修改。未来还会出现多人共同创作的形式，就像现在Twitter用户的粉丝团共同续写某本书一样。阅读和写作逐渐融合，作者和读者的界限越来越模糊——这样的发展趋势不仅涉及人，也涉及文字，当然对我本人的影响也很大。

8 文化的进化

所有的改变都是进步吗？数字化是否真的能像前面三个章节所描述的那样，让阅读和书写变得更好？这些疑问表明了我们对于文化进化的美好期待——有时或许走了弯路甚至倒退，但总的趋势却是一直向"好"的方向发展。最典型的例子就是科学领域，从事科学研究就要不断获取知识、无限靠近真理，也就是所谓的变得"越来越好"。科学和文化都与理性有关，两者的发展趋势总体上都会呈现出上升趋势，发展的产物也都称得上是对人类社会发展有意义的、有益处的或揭示真理的。因此，只要我们有意愿并且为之努力，我们就能掌控发展的进程。

1962年，"发展"这一概念中包含的"总是向积极方向变化"的内涵被托马斯·库恩（Thomas S. Kuhn）所打破。与"二战"时期充当雷达技术员[1]的道格拉斯·恩格尔巴特一样，库恩实际上是一名物理学家。一次很偶然的机会，库恩讲授了一堂关于自然科学发展历史的课程，这堂课让他放弃了物理学研究。他查阅了史料，发现科学发展的道路并不是像他——一个"天真"的物理学家——想象的那样不断向前、一帆风顺的，而是总会出现颠覆性的变革。库恩在其闻名世界的著作《科学革命的结构》（Die Struktur wissenschaftlicher Revolution）[2]中如此写道，"在某一范式（库恩称之为Paradigmen）内进行研究的科学家绝对不会因为研究结果与这一范式不相匹配而改变或舍弃这一范式。科研工作者不能充当自己研究成果的评判者，进而对其是否符合真理进行评判。"

科研领域出现的问题往往会被归咎于研究方法不正确或研究途径不恰当，而范式则始终不为大家所怀疑。当积累的问题达到了一定量级，个别"离经叛道"的科学家就会考虑，是否可以从全新的角度来对研究结果的"好坏"进行判断，创造出打破过去所有旧范式的全新范式。从这个意义上来说，1905年爱因斯坦的相对论就可以称得上是

---

1 请参看 http://plato.stanford.edu/entries/thomas-kuhn/。
2 "The Structure of Scientific Revolutions"，Kuhn（1962/1976）。还可以参看Stegmül-ler（1978:725-776）。

一场翻天覆地式的变革和真正的科学革命。爱因斯坦认为时间是可变的，物质的质量与能量可以相互转化。这完全颠覆了统治科学界长达几百年的牛顿经典力学，将物理学分成了宏观物理和微观物理两个研究领域。该理论对这两个领域的发展都产生了极其重大的影响。

当时，其他科学家并不能立刻接受这种全新的理论——建立一种全新的范式，而是处在左右摇摆的"免疫期"中。相信哪一种范式呢？这并不是通过实验或理性衡量决定的。事实上，人们总是习惯性地认为，新范式并不总比旧范式更好、更具备说服力，毕竟按照新范式进行的科学研究工作总是少数。新范式在刚开始时所获得的成果总是无法与旧范式相匹敌。这就决定了新范式的代表人物通常一开始都只能通过努力宣传先动摇一下他人的想法，而不是直接说服他人同意自己的想法。

还有一点必须提及："革命家"一般都是那些思维尚未被固有学说所禁锢的年轻科学家。爱因斯坦提出相对论的时候只有26岁。20世纪20年代，量子力学领域著名的科学家及诺贝尔奖获得者都是一些二三十岁的年轻人[1]。这些人的思想非常吸引其他年轻的科学家，正是这种相互之间的吸引力促使他们数十年来都在共同完善和宣传

---

[1] Emilio Segre（1981）。1932年，30岁的海森博格（Heisenberg）获得了诺贝尔奖，这之前的1927年，25岁的他就已经发现了测不准原理。这时候的Dirac、Schrödinger、Jordan和Born都还不到40岁。

着同一个理论体系。而伴随这一切的，则是数十年之后，信奉旧范式的老一辈科学家的逐渐凋零。早在1948年时，马克思·普朗克（Max Planck）就如此说道，"一个新的科学真理，并不是靠说服反对者并使他们看到真理的光芒而取得胜利的，而是通过这些反对者们相继死去，熟悉它的新一代成长起来而达到的。"[1] 这就是科学家们所走的进步之路。

库恩将这一过程定义为科学范式的发展。科学领域中，只有最适合"生存条件"的科学观点才能继续"繁殖"下去。这种"繁殖"与生物性无关，而是指科学观点、科学理论和研究模式。库恩是第一个将达尔文的生物进化论引入文化领域的科学家[2]。本章中，我们将详细讨论库恩的理论，看一看数字化在文化变革过程中到底是如何起作用的。

8.1 模 因

进化法则首先出现在生物领域[3]。1835年，查尔斯·达尔文

---

[1] 普朗克（Planck，1948:22）
[2] 奥斯瓦尔德·斯朋格勒（Oswald Spengler）在他的著作《西方文化的没落》中对文化历史的推测，在此我并没有提及。库恩是第一个不仅仅依靠推测，而且还能用历史数据证明自身理论正确性的人。
[3] 下文中的进化理论是建立在札尔夫（Zrzavy，2013）等研究基础上的。

（Charles Darwin）在加拉帕戈斯群岛上发现了一些喙部各异的地雀，甚至单凭喙部特征，就能判断出它们栖息于哪个岛屿；这些形状各异的喙部，适应各个岛屿上不同的食物来源。在加拉帕戈斯群岛上的这些发现，对达尔文提出进化论产生了极大的启发。1859年，达尔文的巨著《物种起源》[1]出版问世，正式开启了生物学研究的全新领域，即进化生物学。进化生物学的基本理论中，只有很少的一部分是支持生物形态多样性变化趋势的，其大部分的中心理论则是支持生物特征可以通过基因一代代遗传下去，但也有可能由于各种原因而发生改变（"基因突变"）；而自然界中的有性繁殖机制，则是将两个个体的特征以一种新的方式进行组合。带有遗传信息的DNA片段被称为基因。复杂的生物由大量基因构成，每个生物个体的基因都呈现出独特的序列。

通过对个体生物之间差异性的研究，我们可以看出，即使同一种类的生物，不同个体对生存环境的适应性也不尽相同，有的强，有的弱（从个体的健康状况上就能辨别出来）。适应性强的个体能够获得更多的繁殖机会，会拥有更多的后代，因此其基因特征遗传给下一代的可能性较之于适应性弱的个体更高。这种选择过程被称为

---

[1] "On the Origins of Species"，约翰·穆瑞（John Murray），1859。

"自然选择"。自然选择解释了生物多样性,以及运行了亿万年、高度复杂的生物系统。但是,大自然选择的究竟是什么?是生活在同一个小生存环境中的生物种群、生物个体,还是生物个体的局部特征(比如眼睛)?

1976年,一位年轻的英国动物行为学家理查德·道金斯(Richard Dawkins)给出了答案,这一答案至今无人能推翻,那就是大自然选择的是基因,基因在繁殖的过程中通过自然选择而得到了加强或减弱。理查德·道金斯称之为"自私的基因"[1]。在其著作《自私的基因》一书中,理查德·道金斯写道,从这一基本思想出发,所有生物进化过程中出现的现象,包括组群、利他行为乃至于自杀行为(比如蜜蜂)都可以被解释。所有这些行为的目的,无外乎是为了将自己的基因(以及亲属的基因)尽可能多地遗传给下一代。这种观点在当时引发了极大震动,现如今已为生物界广泛认可。

多种多样的生命形态都可以通过DNA的竞争机制来解释。生物体中的每一个细胞、细胞组织,乃至于整个生物体,都是基因的载体。而生物的进化又与遗传学密不可分,因为基因、DNA序列都是通过有丝分裂(也叫"间接分裂")过程进行传播的,该过程被称为

---

[1] "The Shelfish Gene",道金斯(Dawkins,1976/2007)。

遗传复制。道金斯将能够进行自我复制的基因定义为"复制基因"（replicator）。不同种类的复杂生物体，都能充当复制基因的载体。只有通过生物体这个载体，复制基因才能够与周围的环境相互影响，在自然选择的作用下，实现成功繁殖。

　　道金斯提出了复制基因必备的三个特点：存在时间（寿命）较长、复制精确度较高、复制的速度较快（"生育力"较强）[1]。存在时间（寿命）较长指的是该基因历经数代遗传，依然没有消失。我们身体中的许多DNA片段非常古老，有些甚至已经存在了上百万年。但一个人携带的所有基因信息都会随着肉体的消亡而消失，在人类身上存活的时间最长也不过百年。因此，为了使某一优势基因存活时间更长，就要保证其在传播给下一代时可被高精确度复制，并且避免复制过程中出现致命错误。DNA如同数字存储设备，能够保证基因复制的精确度。复制精确度中还有一个事实我们不能忽略，那就是基因选择的本质是自然选择在基因层次上的运用——道金斯是如此定义广义上的基因的。如果DNA中的某一段序列没有为生物体带来选择优势，为生物体的特征做出贡献，那么就不能被称为可再生的单位（也就是"基因漂移"）。

---

[1] 道金斯（Dawkins，1976/2007:324）

第三个特点是复制速度较快("生育力"较强)。如果一种生物的子孙后代显现出了一定的特征,并且这种特征增加了其存活几率和繁衍能力,那么该基因的寿命就会得到提升。长颈鹿的长脖子基因就是这么被保留下来的。长脖子在寻找食物方面有着明显优势,因此拥有长脖子基因的个体存活繁衍的几率就会大于其他个体。即使这种优势一开始并不大,受这种基因影响的后代的数量也只占微小优势,但在同样的生存条件下,与其他对偶基因相比较,长脖子基因逐渐得到了普遍认同。只有当复制精确度高到能够保证经过数代之后这种基因仍旧没有失去效用时,长脖子的特点才能够始终被保留下来。综上所述,存在时间(寿命)较长、复制精确度高、复制速度较快("生育力"较强)这三个特点是相辅相成、融为一体的。

文化的进化是什么?上文所述的原则和机制是否也出现在文化领域?如果答案是肯定的,那么具备复制能力的除了基因之外,一定还有其他东西。长期以来,大家并不认为除了基因复制之外,还有其他复制方法——基因复制是生物发展的唯一方式。但随着科技的发展,研究者在其他系统里也观察到了革命性的变化。在我们的大脑(我们称之为"神经达尔文主义")中,神经元通过神经突触相互连接;在信息学中,有所谓的"遗传算法";在种群动态或科技经济中都有类似的结构[1]。选择和适应在这些系统中（以及其他许多系统中），都起着至关重要的作用。

除了基因之外，是否还有其他东西在一定的环境中具备自我复制能力，从而将自己携带的特征传播扩散？1976年，达尔文在他的著作中给出了肯定的答案[2]。除基因之外，还有一种新的依赖于人类大脑的复制载体，达尔文称之为"模因"（Mem）。模因就是人与人之间相互传播的想法、故事、旋律、动机、形式、流行范式、词汇、语句和文章等信息。模因的载体就是我们的大脑。有些模因在人类的大脑中根深蒂固，传播得非常成功。比如泰坦尼克号的故事，就是一个非常成功的模因案例，文化领域中更加成功的模因案例还有《圣经》故事，以及荷马史诗中的《伊利亚特》和《奥德赛》。

有些文化信息虽跨越时代，仍历久弥新，而更多的文化信息则随着时间的推移遗失了。在人类大脑中出现的信息，并不能算作模因，而只是一个想法。只有当人们开始将这些想法相互交流之后，这些信息才能变成模因。而交流的过程，是需要媒介的[3]。所有具象

---

[1] 布莱克摩尔（Blackmore, 2003:51），普罗特金（Plotkin, 2010）以及丹尼特（Dennett, 1995）。舒尔茨（Schurz, 2011）在其著作中对进化论进行了详细的解读，这本书很值得一读。
[2] 请参看道金斯（Dawkins, 1976/2007:316-334）。
[3] 此处及接下来的文章中提到的模因相关理论参考了昂格尔（Aunger, 2002）及舒尔茨（Schurz, 2011:210-213）。有关文化革命的内容请看艾博（Eibl, 2009）。

的、能为人类所感知的事物，均可以充当交流媒介。所有人类创造的物体，都具备文化意义。比如，5000年之前的马车，不仅是运输粮食的工具，还是"车"这个模因的传播者[1]。而一个文化信息是否能成为模因，则取决于选择，如果一个模因在民众的大脑中出现的频率和准确度均不高，那么与其他成功的复制载体相比，就会失去竞争力，最终消失不见。也许它还会"存活"在某种载体上，比如某本在数百年之后才被发现的古书中。

与基因一样，模因也会发生突变。突变使得下一代发生变化，而这种变化往往有利于生物更好地适应生存环境。模因突变发生在人类接受和复述文化信息的过程中。人类并不是能将信息原封不动地进行复制的复印机，也不是能将信息无损存储的硬盘。人类大脑在处理信息时，总是会将其他的经验与知识——即其他模因——加入其中。正如第3章中所述，输出的模因其实就是所有文化符号特征融合的产物。我们可以这样理解：模因就是文化符号。通过达尔文生物演化论中模因模式的传播，我们就获取了一个理解文化发展的工具。

达尔文提出的"模因"来源于"基因"和"模仿"这两个概念。模仿使得模因具备了复制能力[2]。和许多哲学家和文化学者一样，达

---

[1] 丹尼特（Dennett, 1995:348）
[2] 文化领域中的模仿请参看奥尔巴赫（Auerbach, 1946/1988）及巴尔克（Balke, 2012）。

尔文认为，模仿是学习、合作、交流以及人类文化形成的关键认知机制。孩子通过模仿学会了说话，阅读则是对他人所写符号、词汇和句子的认知模仿，写作也是对之前所学文字符号知识的一种模仿。除此之外，生火、建造纸牌屋和大教堂或吹奏乐器，也都需要学习者具备模仿能力。学徒模仿师傅的做法，尝试着再现师傅的行为。我们喜欢购买某一种设计风格的衬衣，大多因为这种风格的衬衣正是时下最时尚的潮流，而潮流就是由模仿产生的。

事实上，没有任何一种人类的社会行为是与模仿所见、所听或所实践无关的[1]。因此，所有的这些行为都是以模因为基础的。根据达尔文的理论，模因是文化系统的基本单位，如同基因是生命体的基本单位一样。模因与基因的特点相同，都具备时间（寿命）较长、复制精确度高、复制速度较快（"生育力"较强）的特点。不同之处在于，模因复制是通过人类大脑中的模仿行为实现的，而基因复制是通过生物细胞的有丝分裂实现的。因此，达尔文将基于模因的文化发展，称为遗传学中的"模因论"。

模因论是一个非常有突破性的理论。达尔文用模因理论解释了诸如宗教等许多社会现象。他认为，宗教是不需要生物体本身发生

---

[1] 舒尔茨（Schurz，2011:214-216）中指出，模因传播不等同于单纯的模仿，而是另一种形式的社会学习行为。

任何变化，就可以自己进行复制、带来文化影响的一种模因。达尔文理论中最重要的一点就是：模因不是生物进化的一部分，模因论也不能与社会生物学相混淆。模因现象不仅会发生在人类群体中，还会发生在动物界中（比如蜜蜂和蚂蚁这种群体动物）。模因存在于一个完全独立的世界中，原则上不会直接促使生物成功繁殖，也不会让生物体的基因存活时间更长。

理查德·道金斯在其著作中对模因论的论述引起了许多著名科学家的关注，使模因论逐渐成为了文化科学发展理论的一个分支[1]。对文化科学发展理论影响较大的专家有：英国心理学家兼科普畅销书作家苏珊·布莱克摩尔（Susan Blackmore）、美国著名哲学家丹尼尔·丹尼特（Daniel Dennett）[2]。除此之外，理查德·布罗迪（Richard Brodie）还在其著作《心灵病毒》（Virus of the Mind）一书中，比较了模因论与遗传学，并提出了自己的思考[3]。

《心灵病毒》这本书之所以出名，还有另外一个原因。20世纪70年代，布罗迪曾为施乐公司推出的首批拥有用户使用界面的个人电脑研发过文字处理软件。1981年，布罗迪跳槽到微软公司，并在那

---

[1] 最新相关内容请参看舒尔茨（Schurz，2011:189-272）。
[2] 模因理论相关著作请参看布莱克摩尔（Blackmore，2005）以及丹尼特（Dennett，1995）。
[3] "Virus of the Mind"，布罗迪（Brodie，2009）。

里开发出了第一款 Word[1] 软件。从微软公司离开后，布罗迪成为了一名作家，之后又成为了职业扑克玩家。模因论的创始人理查德·道金斯最后也转而研究起了丑角艺术。受模因论观点的影响，道金斯认为宗教就像病毒一样，会在人与人之间传染，因此他成立了许多不同的基金会，用于支持无神论的研究。2008年，道金斯出资支持了一位英国女记者阿丽安娜·谢琳（Ariane Sherine）的反宗教活动，在欧洲许多城市的公交车上贴出了"也许上帝并不存在，停止担忧、享受生活"的标语[2]。

这些看起来有些滑稽的模因论行为，很难用所谓严肃的科学理论来解释，因而我们需要借助人文科学中的知识予以分析。心理学家布莱克摩尔在她的著作中论述了人类的大脑、语言的起源、人类在同伴选择方面的标准以及人类的意识，还讨论了模因和基因两者共同进化的可能性，说明了文化进化对于人类繁衍有着促进作用，揭示了模因与基因之间的竞争对立关系（比如极少数穆斯林的自杀式袭击行为中，就涉及宗教信仰和求生本能相冲突的问题）。

由于本书篇幅有限，在此我们无法更加深入地讨论这些有趣的问题。其他文化科学理论，比如引言中提及的托马斯·库恩的理论，与

---

[1] 请参看张（Tsang, 2000）。
[2] http://www.theguardian.com/commentisfree/2008/oct/21/religion-advertising

模因论之间的联系也十分紧密。模因论对于某些文化科学理论的意义，就如同基因理论对脊椎动物进化的意义：前者都是后者的基础。在文化进化领域，还有一个对于模因进化至关重要的概念没有提及，那就是：语言。接下来我们就来讨论一下这个概念。

8.2 通过语言和文字进行复制

"人类的语言——首先出现的是口语，然后再是文字——文化传播的主要媒介，文化传播发生在文化的进化中，其传播对象是信息。说、听、写和读是信息传播和复制最基本的途径，这是深深根植于我们的DNA和RNA中的技能。"[1]

丹尼尔·丹尼特如此定义模因论中的语言和文字。如同我们在第1章中论述的那样，语言是一种绝佳的获取经验和传播知识的工具。模仿发生在两个不同的层面上：我们说话的时候使用的语言，并不是我们自己创造的，而是通过模仿习得的。从模因论的角度，语言习得的过程就是模仿的过程，我们只有通过不断地重复学习单词、词组和语法结构，才能掌握一门语言。除了句法学层面，语义学层面

---

[1] 丹尼特（Dennett, 1995:347），这一段是作者自己翻译的。

上也存在模仿：当你听到一句话并理解了这句话的意思，你"模仿"的就是这句话在说话者脑中的含义。从说话者到听话者之间传播的这句话，实际上只是充当了建构句子含义的载体而已。句子的含义本身，并不能通过交流进行传播，要传播含义，只能通过载体。从这个意义上来说，语言就是一种十分高效的工具，能够通过模仿他人大脑，唤起自己大脑中与之含义相对应的表达[1]。

模因使得人类在生存和繁衍中获得的重要行为经验得以迅速传播。人类因此具备了抽象学习的能力，语言就是学习抽象事物的重要工具。与此相对，其他生物的生存经验，只能以非常有限的形式传播给下一代。动物毕生所学的能力，在其死去后就会完全泯灭，所有重要的经验，只能随着漫长的生物进化过程不断地尝试和犯错（变化和选择），被直接编码到DNA中去，这样才能得以保存。

道金斯认为，模因这种传播文化信息的方式，将人类从文化信息传播必须通过生物进化这唯一的途径中解脱了出来。与基因演化相比，国家和机构、艺术作品和语言以及各种发明，这些模因产生得快，消失得也快。人类的基因近十万年来几乎没有发生什么变化，但文化领域却发生了翻天覆地的变化。由此可见，在同等条件下，

---

[1] 布莱克摩尔将通过模仿进行复制的模因分为了"成果复制"和"指令复制"两种（Blackmore, 2005:113-115）。

模因比基因在传播信息方面的速度更快、效率更高。

以语言这种模因为例,它也符合基因的三个特点,即存在时间(寿命)长、复制精确度较高、复制的速度较快("生育力"较强)。在口语中,生育能力强的意思是某一习惯表达被使用的次数多,因而就能够即时地、深深根植于我们的认知中。说话的时候,这种习惯表达就很容易被唤起。常用的词汇我们不会忘记,只有不经常使用的词汇才会被遗忘。同样的规律也适用于语言的其他层面:听到某一词汇的次数越频繁,我们使用这一词汇的次数就越多。这样的语言模因就可以说是"生育力"较强的语言模因。语言模因存在的时间是否能够长久,取决于许多因素,比如周围的环境。当周围环境发生了变化,某种非常适应于过去环境的基因就会随着生物进化而被淘汰。在语言模因中,与环境进行交互是通过社会交流实现的。一旦周围的交流环境发生了变化,某些语言模因就不能再成功地传播下去,在人类大脑中"占据"的位置也会变小。这种现象我们通过许多语言领域的例子都能够观察得到,比如词汇的"过时"现象,古代语言逐渐消失,甚至整个语言消失。

如果一种语言需要在某种特殊的交流环境下才能够存活,那么其最终的命运必然是为人类社会所淘汰。例如古拉丁文口语就是在民族大迁移过程中消失的。语言模因的寿命长短,也取决于其本身对不断变化的环境是否具备强大的适应能力。从这个意义上来说，尽管古拉丁文口语消失了，但却以各种形式在其他语言中存活了下来，这些语言包括：意大利语、法语、西班牙语以及其他日耳曼语系的语言。

最后我们再来讨论一下复制精确度高这个特点。语言模因具备极高的复制精确度，可为人类所理解和重复。所有自然语言中的语音都必须通过对比才能进行区分，将人类能够发出的大量的不同语音按照一定的规则进行排列，就能对自然语言中不同的语音进行区分。虽然德语中的"Tier"和"dir"两个单词拥有许多音位变体，但两者的音位之间却不存在能够表征其他含义的过渡音位。这一规则深入到了人类自然语言的各个层面，提高了语言模因的复制精确度。

丹尼尔·丹尼特将上述语言模因的特点称为复制模因的句法特点，即承认语言编码本身就具备复制特点。DNA是上亿年生物进化的结果，无论是复制模因还是复制基因，都有供自身依附和生存、提高传播成功率的载体。基因的载体是环绕着细胞核的、能将整个生物体整合起来的那些细胞。载体的结构由DNA通过蛋白质合成进行控制。由DNA片段合成的蛋白质就是基因的"意义"。

那么，一个语言模因（比如一个单词）的"意义"又是什么呢？语言模因的载体是大脑。语言模因的"蛋白质"就是存在于大脑中的各种概念、图片或意象。当我们听到或说出"这个人正在伐树"这句话时,"树"这个词就会唤醒我们大脑中对应的概念,脑海中就会出现一个身着工作服的中年男子挥舞着斧头不断砍树的情形。寿命长、生育能力强、复制精确度高、能够迅速唤起大脑中相关概念的模因,并不受语言特征的影响,而是更多地取决于该模因是否能够适应我们大脑的条件,从而能够成功地被传播。

这一结论也适用于文化领域。为了能够记住更长的故事并将其重述,我们会运用到诗、韵及一些固定表达(如"从前……")。故事的其他特征也有常见的模式,这些模式能够帮助我们提高认知的能力。早在数百年前,人类就通过这种方法来传播长篇史诗巨著,比如《伊利亚特》、美索不达米亚的叙事史诗《吉尔伽美什》和《尼伯龙根之歌》[1]。这些故事历经了数百年,却仍旧保持了极强的"生育力"和极高的准确度,从而保证了它们能够在人与人之间成功地进行传播。口语传播中也存在着模因现象,口语中的模因形式更加适用于口语传播,比如歌曲,而不适合诸如历史资料或哲学文章的传播。

文字的出现,进一步扩大了模因传播的影响力。一个词、一句诗、一首歌,如果以口语的形式传播,其失传的可能性会很大。但

---

[1] 请参看翁(Ong, 1982)。

文字却可以将人类大脑中的模因"记录"下来，避免被遗忘，再通过阅读，植入到其他人的大脑之中。传播模因时，文字的精确度也大大高于口语。纸张及其他能够长存于世的媒介，在存储信息方面，比人的大脑可靠得多。石碑上的文字可传万世，阅读该文字的后人，都能够准确无误地获取上面的文字信息。

与口语模因相比，文字模因的生育力却较弱。这是因为，完成一篇文章所需要的时间，大大多于口语——写作需要的时间长、成本高，还要求作者具备一定的写作能力。通过书写复制而产生的模因，在数量上远远少于口语。语音传播的优点是能够同时传播给众多受众，但这一优点能够得到实现的前提条件是说话者必须在场。与此相比，文字传播不依赖于"说"，因而能够跨越空间和时间的限制。由此可见，文字传播与语音传播各自独特的优势使两者得以长期共存。

从模因的角度上来说，在文字成为模因存储和复制的载体之后，这种复制方式就占据了极大的传播优势，极大地提高了语言的"生育力"。大量的印刷品可以印证这一结论。如同第3章中讲述的那样，古登堡的发明将书籍印刷的速度提高了100倍，导致16世纪的欧洲出现了大量印刷品。印刷出来的书籍大大挤压了手抄本的市场。

手抄文字很容易变成印刷文字。在图书插画衰落的历史进程中，我们可以看到，这种媒介上的变化对文化印刷品本身也造成了影响。印刷品的不断增多，不仅使图书的价格越来越低廉，使古代文献得以大量传播，还催生了许多新的语篇类型，如叙事文、政治评论、新闻等。这就为大脑中产生新的模因创造了极佳的条件。就像古时的手推车，运输的不仅可以是粮食，还可以给见过手推车的人传播车轮这一概念；16世纪初的传单不仅能够传播改革的消息，还能让见到传单的人了解印刷品这一概念。在语言和文字之后，模因的发展中出现了第三个能够继续延长模因的寿命、增强模因的生命力、提高模因的复制精确度的技能。

当阅读和写作成为模因复制过程的一部分时，模仿就成为了延长模因的寿命、增强模因的生命力、提高模因的复制精确度的第三个技能。在写作过程中，模仿是学生必学、教师必教的一个技能。一旦掌握了这一技能，我们在听到或看到某一句话时，就会在脑海中将与这句话有关的各个概念的意思调取出来，从中选择出符合语境的那条意义。作者通过文字表达出来的模因，会在读者的大脑中予以复制。手写能够提高这种复制效率，印刷图书也能够通过书店、图书馆和教育机构对模因进行复制。产生这些现象的原因，是是由于模因具有自私特性。除了上述方式之外，我们还可以将文字媒体、文字基础设施和机构与基因的载体——以供基因存活和复制的复杂生物体和社会结构——进行比较。下面的段落中将会涉及此项内容。

文字复制为模因的结合或重新排序提供了可能性。一旦想法和信息以文字的形式被记录下来，就能够被人类所感知，即人类能够阅读和处理这些文字符号。我们可以将这种处理模因的过程，理解为模因的突变。

让我们回忆一下：突变是进化和选择的必经途径。基因突变大部分是偶然发生的；即使是有性繁殖，伴侣的基因也会在很偶然的情况下，与一条全新的基因序列连接起来。但这种突变模式在模因复制中，却没有扮演如此重要的角色。模因的突变是一个非偶然过程。"像相对论这样的模因，并不是一个原始想法偶然产生的上百万突变基因结合的结果，而是许多智慧的大脑非偶然性地参与到相对论的研究工作中而产生的结果"，斯蒂文·朋克（Steven Pinker）如此定义模因突变[1]。对想法进行重新加工、与其他的思想进行结合、找到共同点或将其运用到其他领域中——这才是模因突变促进文化进化的方式[2]。

最成功的模因突变，需要具备三个特点，即"创新性"、"启发

---

[1] 丹尼特（Dennett，1995:355）也引用了斯蒂文·朋克的模因理论。相关内容请参看丹尼特（Dennett，1995:352-360）。

[2] 请参看强森（Johnson，2013）。本书中，作者提出了7种创造性思维的类型，我们也可以将其理解为模因突变模式。

性"、"亲和性",总结起来就是创造力(creativity)。人类的大脑能够通过重述、分段、总结、综合和讨论实现这样的改变。模因的这种特点促使这种有目标的改变(即突变)经常出现,从而保证模因生存时间长、复制效率高、复制准确率高,产生"积极的"想法、理论、行为或故事。除此之外,模因的生存条件还能对模因的进化条件进行选择[1]。马车不仅能够运输粮食,还可以传播车轮这一概念;相对论不仅让我们了解了时间的相对性,还给我们传递了物理科学研究和科学出版物的概念。这就如同生命的进化:最成功的模因不仅可以实现自我复制,还可以找到实现成功复制的方法。这样一来,文化领域中模因进化的多样性,就得到了切实的保证。

8.3 文化领域中的模因论

在进化论中,表现型被定义为生物体表现出来的所有外观特征。这是由基因控制的。生物体的繁殖能力,也就是基因的复制能力,很大程度上依赖于表现型[2]。道金斯将表现型定义为基因的载

---

[1] 沃尔夫冈·莱布勒(Wolfgang Raible)从篇章的形态角度讨论了这一点,相关内容请参看莱布勒(Raible,1991)。
[2] 请参看札尔夫(Zrzavy,2013:55)以及(Zrzavy,2013:103-107)

体,称之为"存活的机器"。生物进化带来了许多"存活的机器",这些存活的机器能够极好地适应周围的环境——从变形虫到白洋兰,再到雷龙。

外界环境会对生物的进化产生影响,因此,生物体的某些特性并不完全由基因单独决定。比如动物体形的大小,除了受基因遗传的影响之外,还受其食物种类和进食多少的影响。模因的表现型包括音量、文章、图片、声音、照片、建筑、衣物、机器、演出、艺术品等。所有的这些表现型,都需要适当的生存环境。如芭蕾表演只能在剧院或舞台上"存在"(还可以将芭蕾舞录下来,通过录影带进行观赏),这就是跳芭蕾舞这个模因的表现型。一部艰深的哲学书,比如康德的《纯粹理性批判》,只能以文字的形式存在于纸张上(或者其他的文字媒介上)。

模因中的表现型也有一定的变化谱系。歌德的剧目《浮士德》每一场演出的形式都不尽相同——这就是由戏剧《浮士德》演出时,周围的文化环境条件所决定的(每一个场景的每一次演出都是一个具备独特表现型的"生物体")。文学和科学领域的著作,总是被多次再版,每一版本都可以理解为不同的表现型。同一著作的译本,每十年就有一次大的修改,因此译作也能称为表现型的变体。

理查德·道金斯还提出了"延伸表现型"这一概念,其从全新的角度为许多古老的文化现象提供了解释[1]。延伸表现型指的是基因的作用,这种作用超越了生物体本身的特点,是进化产生的结果。大自然中有许多这样的例子,如在小溪上修筑水坝保护巢穴的海狸;吐丝织网用来捕捉猎物的蜘蛛;作茧自缚、将自己保护起来的毛翅目昆虫幼虫等等。

上述这些行为,都是经过进化被选择出来、并不断得以优化的结果。我认为,延伸表现型这一概念,还可以移植到文字文化模因的进化中去。从模因的角度来观察进化过程,我们就会发现,不同类型的文章,其表现型各不相同,而且它们之间总是呈现出一种竞争关系,都试图在人类大脑中被尽可能多地复制,在图书馆中尽可能多地出现,在出版社和书店中尽可能多地被出版和售卖,在学校中被尽可能多的学生所习得,在高校中经受住系统性发生突变的模因的考验。文字文化的基础设施和各种机构,共同组成了文字模因的延伸表现型。

倘若事实确实如此,那么文字就不仅能够创造、复制、传播和记录篇章,还能扮演一个进化过程中的积极参与者的角色——将最适合环境条件的篇章模因选出来;决定一篇文章是否能被著名出版社

---

[1] 请参看道金斯(Dawkins,1982)以及札尔夫(Zrzavy,2013:108-112)。

出版、并被大量印刷及投放市场；是否能长时间被存放在图书馆的书架上或出现在中学生的教材中，实现极高的复制率；是否有可能经受住高校中不断进行的选择和淘汰等。现如今，我们读到的大多数书籍，都是经过这样一种漫长的文化遗传过程而沉淀下来的作品，这些书籍都是文化进化过程中的赢家，就像人类是漫长生物进化过程的赢家一样。

"延伸表现型"并不仅仅指某一种生物体的个体行为。其他同类个体的行为，也有可能有利于本个体进行成功的复制。最典型的例子就是布谷鸟。布谷鸟是寄生动物，总是让其他的鸟类比如苇莺代替它们工作。布谷鸟把卵产在苇莺的巢穴里，布谷鸟雏鸟的孵化时间比苇莺雏鸟的孵化时间要短，布谷鸟雏鸟的基因会促使它们破壳出生后，就立刻将与自己同巢而居的"兄弟姐妹"都挤出巢穴摔死。

"方便更多人读书，这仅仅是图书馆扩建更多分馆的借口"，丹尼尔·丹尼特在模因论中如此断言道[1]。我们是不是可以将模因理解为能让人类更好地复制自己的一种新方式？下面我要说的其实是一

---

1 "A scholar is just a library's way of making another library"，丹尼特（Dennett，1995:346），作者自己翻译。

个非常特别的观点：一般意义上讲，从事什么行业的文字工作，就要学会本行业常用篇章类型的特点，或掌握其延伸表现型的特点——例如，图书馆管理员要了解图书馆，编辑要了解出版社，语言学家要能读懂历史文献。尽管我们很赞同这些人将自己的一生都献给事业，但如果他们毕生从事的事业只是为他人服务，就像苇莺终其一生都在为布谷鸟服务一样，那就非常荒谬了。或许，实际情况并非如此。

中世纪教堂里抄写经书的传教士，不过是复制文字的工具，是文字文化中的沧海一粟而已。尽管如此，抄写工作也有着自己的特点：孤独的生活、繁重的工作、没有伴侣和家庭，或许还伴随着英年早逝的危险。哲学家马丁·海德格尔（Martin Heidegger）在一次授课中就讲道，古代学者的生活，无外乎三个阶段："出生、工作和死亡"[1]。

与基因一样，模因的目标并不是让其他的个体完全复制自己。延伸表现型就是进化过程中对模因进行选择的结果。那些使个体具备复制能力的模因，不可能在个体书写所有篇章类型的过程中都起作用。这些模因，只在那些被个体认为是有"文化价值"的篇章中起作用，比如历史、宗教、文学或科学文章。这样一来，人的自主意愿在哪里呢？传教士和古希腊哲学家就十分乐意选择这样的生活，

---

[1] 奥瑞特（Arendt，2002:184）

就像现在的许多人还愿意从事与文字文化相关的工作一样。从这个角度上讲，苇莺或许也是自愿喂养布谷鸟雏鸟的。从模因的角度，人们之所以会选择在图书馆工作、成为哲学家或服务于图书市场，是因为他们坚信图书馆、古籍和创作是很重要、有价值或对人生有促进作用的。他们的意愿也是受这种观点所影响的。文字文化行业的从业者之所以会产生这样的想法，就是因为文字文化行业发展的动力就是促使其蓬勃发展的模因。那么，文字文化行业本身，是否能够培养出维持行业发展所需的"志愿者"？

下列表格中是对生物进化和文化进化进行对比后得出的结果：[1]

	生物进化	文化进化
复制载体	细胞里的基因	大脑里的模因
环境	自然，也就是生态系统	文化，也就是人类社会
复制	基因复制	模仿，特别是阅读和写作
表现型	生物体及其组成部分和功能	例如篇章、语流、图片及其组成部分等
延伸表现型	例如河狸的水坝、蜘蛛网、布谷鸟的行为	例如图书馆、出版社、学校

表格中的这些条目，乍一看有些奇怪，但却能够促使我们去思

---

[1] 请参看舒尔茨（Schurz，2011:195）。舒尔茨的书中对表中内容进行了详细描述。

考模因是否是文化变革中最合适的方法[1]。随着时代的发展，反对将文化从社会学和生物学的角度进行解释的声音越来越弱。与其他进化论理论家们不同，道金斯并没有将文化现象归为生物学领域的研究课题。语言、图书、戏曲或词汇的发展，与人类的身体健康、生存能力和繁殖能力毫不相关。正如苏珊·布莱克摩尔所断言的那样，存在于人类基因中的语言能力与语言模因是共同发展的[2]。但基因进化和模因进化之间也存在冲突，布谷鸟的"寄生"模因就是明证。道金斯及许多作家都认为，诸如宗教这类复杂模因的进化过程已经基本完成，对人类的基因进化进程产生了极大的摧毁能力——比如"不婚"和"殉道"。模因论的研究者，都是将文化作为一个单独的现象进行严肃研究的，从未将人类的文化，简单等同于河狸坝或白蚁巢。

既然是这样，那我们为什么还要用模因这个概念去解释文化呢？这是因为模因这个概念与其他文化符号其实是有共性的。在这一点上，所有的文化科学家都没有异议。另外，也没有任何一位语言学家否认语言进化这个事实，历史学家和社会学家也都认同这一论

---

1 有关达尔文主义及对达尔文主义的批评请参看舒尔茨（Schurz，2011:138-139）。
2 请参看布莱克摩尔（Blackmore，2005:144-158）。

断。人文科学家普遍认为，决定自身命运的只有人类自己[1]。梅赛德斯·布恩茨（Mercedes Bunz）甚至用数字化来支持这一观点。在他的著作《安静的进化》（Die stille Revolution）中，布恩茨提出了"科技质疑主义"，他指出，人类可以自己决定科技对自身是否带来影响以及带来何种影响，科技本身没有好坏之分[2]。

人类不能共同商定走哪条科技发展的道路，也不能决定某一门语言的句法结构到底应该如何进化，更无法让所有人都选择使用智能手机。"极端点儿来说，科技并不能将必需品变成奢侈品，恰恰相反，是将过去的奢侈品变成了必需品"，盖尔哈德·舒尔茨（Gerhard Schurz）如此说[3]。人类的大脑是维持模因、想法或文化符号——正如同它们的名字一样——活力的必备条件。只有当人类的大脑发生了极大地变化或消失了，模因的进化才会停滞。

最后还有一个问题，除了通过选择进行进化这种方式之外，是否还存在另外一种方式，能够在文化进化的过程中起作用。丹尼尔·丹尼特认为进化论是"达尔文的危险思想"。为什么人类文化发展的途径和方法与其他生物都不同？我们周围的环境是什么？"是

---

[1] 请参看舒尔茨（Schurz，2011:203-204）。舒尔茨强调，人类不应有目的地操控文化革命，而是应该从已经成功的范例中汲取经验，引导文化的发展方向。
[2] 请参看布恩茨（Bunz，2008:64f）或者（Bunz，2008:83f）。
[3] 舒尔茨（Schurz，2011:204）

发生了神迹吗?"他对进化论的批判者说。"文化是上帝赋予我们的吗?"[……],人类的生活方式与其他生物大为不同。[……]但无论多复杂,都是有源头的,都是从最简单的发展而来的。"[1]

综上所述,我们可以再次确定:文字语言模因,就是不同媒介中的不同篇章类型。文字文化的基础设施和机构,就是该模因的延伸表现型。基础设施和机构尽管是由人操纵的,但其目的仍旧是保证模因的复制,并对其进行改良。

最后,我们再总结一下基因论和模因论:进化不仅催生了能够充当复制载体的表现型和延伸表现型,保证了复制过程的顺利进行,提高了复制的成功率,还使复制的过程变成了一个动态的过程。与其他方法相比,这种方法能够更好地保证复制载体的寿命、生育力和复制精确度。而存储在DNA中、经过上亿年进化的基因,如今已经能够被分段复制了[2]。

模因复制(模仿)也经历了一个进化过程。文字的发明是一个关键点,但却不是唯一的关键点,其他的发展关键点我们已经在第2章和第3章中进行了详细论述,如文字符号系统的发展、书写版面的规划、书写工具和媒介的发展、书写的机器化(印刷术的发明)、打字

---

1 丹尼特(Dennett,1995:341),作者自己的翻译。
2 请参看丹尼特(Dennett,1995:155-163)以及鲁恩赫(Lynch,2007)。

机、电报机和电传打字机等。这些发展，其实都是在试图提高文字模因复制的寿命、生育力和复制精确度。语言学家和媒体学家始终都在探讨如何通过改变我们的写作内容和写作方式，来达到这三个目标——这就引出了突变和选择的概念。书面文字复制技术的发展与模因本身的发展过程是同步的：印刷机淘汰了活字印刷，成为了书籍印刷模因的新表现形式，打字机为个性化单独打印提供了技术支持，大大挤压了手写文字的生存空间。由此可见，文字文化的进化，始终伴随着科学技术的发展。

8.4 数字模因

让我们返回到数字世界中，看看数字化给文字模因带来了何种影响？最直接的答案有可能是，文字在计算机中的编码就是一种新的传播媒介。计算机编码可以算作是文字模因的又一种表现型。但这种表现型的可靠度并不高，因为文字编码的特点与纸张上的文字特点截然不同。首先，我们不能够直接使用编码，而是要通过计算机进行翻译。因此，计算机编码并不能称为模因的表现型，我们可以将其看作是一种来源于表现型的模因信息。数字模因的表现型就是显示在计算机屏幕上的文字、计算机程序的运行过程或纸上的输出结果。因此，数字模因与前面所定义的模因大为不同，是模因的另一种新类型。数字模因和一般模因的生存空间虽然都是人类的大脑，都是通过媒介变成现实世界中的某一种表现型，但仍然要将这两种模因区分开来：我们将存储在大脑里的模因称为"神经模因"，简写为"n-模因"，数字模因则简写为"d-模因"。

数字模因和神经模因之间是什么关系？许多数字模因其实是来源于神经模因的。用计算机写文章的过程，就是将大脑中的神经模因以数字模因的形式转存到计算机中的过程。这就将文字文化中的混合写作和传统写作区分开了：传统写作创造的是神经模因的表现型。混合写作则是将神经模因转变成了数字模因。就像第6章中所展示的那样，数字书写需要计算机的参与：每一个文字符号的理解、书写的全过程甚至文章的结构，计算机都必须参与其中。尽管数字模因是由人完成的，但计算机却从一开始就参与到了这个过程之中。

神经模因和数字模因在某些表现型中会"交汇"：计算机将电子文本显示在显示器屏幕上，读者通过阅读电子文本，将数字模因在大脑中重新复制，转化成了神经模因。这就是神经模因和数字模因之间仅有的转化途径。但有些神经模因的表现型数字模因却做不到。例如，教师讲课时在黑板上一边用手书写文字一边讲解，这种方式也能够传播神经模因，这一过程直到现在计算机都无法做到。同样的问题还出现在人与人之间交谈时互相理解的过程中。当然，数字模因的许多表现型神经模因也无法完成。例如，一台DVD其实就是一台数字编码器，DVD中的编码只有计算机能够读懂，人却不具备这个功能。大多数人在阅读印制在纸张上的列表、图表或系统性展示的大量信息时，往往比较困难——分成部分进行阅读则更易于被人所接受。

即便神经模因和数字模因在某些表现型中会"遇到"，但它们各自的处理方式却有所不同。人擅长于建立联系、认识类比、运用隐喻、发现更大格局上的结构关系、做出情感判断。这些能力也影响着神经模因的进化，改变神经模因——产生以目标为导向的突变，也就是所谓的创新。处理数字模因的计算机的工作方式则完全不同：计算机遵循一定的规则对数据模因进行搜索和分组，从中发现规则、提取信息。通过将人类大脑能够读懂的神经模因"翻译"成计算机能够读懂的数据模因，或将数据模因翻译成神经模因，就能够逐渐探索出处理这两种模因的方法：只有统计数据被显示出来，才能够适应人类这种以类比和隐喻为基础的思考方式。另一方面，语言被数字化后，计算机才能理解并对其进行处理。这两种情况下，都会产生新的神经模因和数据模因。

前文已经提到，理查德·道金斯提出了模因（也包括基因）具备的三个特点,并将这三个特点作为衡量其是否实现成功复制的标准:存在时间(寿命)长、复制精确度较高、复制的速度较快("生育力"较强)。数字模因也可以按照这个标准进行评判。互联网就是保证生育力的一个前提。一个数字模因,比如一张照片,在没有互联网的情况下,几乎是不可能高效地从一台计算机转移到另一台计算机中去的。互联网能够同时将数字模因传播给大量的接收者,因而能够令某些数字模因保持极高的生育能力——比没有利用互联网传播手段进行复制的神经模因快了许多倍。

除此之外,这种传播数字模因的方法也能够通过数字编码实现极高的复制准确率。计算机具备错误检测和纠错功能,能够迅速发现复制编码中的错误并对其进行修正,因而能够保证数据被"数次"复制后,仍旧与原数据高度类似。具备极高生育能力的数字信息在极短的时间内,就能让全世界看到大量的复制信息。按照模因论的说法,这一过程可以解释为有些数字模因被成功地复制到了其他计算机中。例如,新闻报道中的图片,其传播速度非常之快,通常配有照片的时事新闻,只需几分钟甚至几秒钟就能传播到全世界各地的上百万台计算机、智能手机或平板电脑上去。

模因进化的第三个特点(存在时间长),在数字模因中乍一看体现得并不明显。关闭了计算机或重置了硬盘后,数字模因就会消失。

但同样的现象也发生在基因和神经模因中：生物体一旦死去，基因复制就结束了，神经模因也随之被遗忘。似乎只有将神经模因存储在那些能够永存于世的媒介——比如石头、金属等，才能保证其寿命无限。但事实并非如此简单：基因和模因的寿命，等同于一代人的寿命。许多神经模因，比如语言，能够"存活"几百年的原因，在于它的传播方式是由人到人的。这使得我们身体中的某些基因，即便历经几百万年却仍旧存在。这样的现象也发生在数字模因中：尽管芯片、硬盘和DVD中存储的数据寿命很短，但却可以被不断地复制到其他的计算机中。通过这种方式，数字模因的寿命也能得到延续——万维网刚出现时的信息我们现在仍然能够将其复制出来，甚至当时出现的第一个网页也能够被准确无误地再现[1]。计算机技术能够通过不断地复制信息，使重要的信息得以长久保存。

要保证数字信息的顺利传播，就必须开辟出一条独立自主的进化之路。也就是说，在信息爆炸的数字时代，我们必须掌握有效的信息筛选手段。那如何进行信息的筛选呢？想必大家在本书的许多地方都能找到答案。数字化的信息筛选技术包括：自动化、数据集成和网络化——将这些技术与阅读和书写（第5章和第6章）结合起来，

---

1 http://info.cern.ch/hypertext/WWW/TheProject.html，网页选自1990年12月。

在文化领域就表现为混合性、多媒体性和社会性。

基本的原理很简单：如果某一条数字信息传播得很成功，并且能够战胜其他数字模因，那么它一定是符合上述三条特点的。能够为计算机高效处理的数字模因，一定传播的比自动化程度低的数字模因快。音乐的数字化传播过程就能证明这一点。音乐的传播方式一般有两种：一种是将声音直接用数字编码的形式存储在CD上，另一种是将声音信号压缩成MP3格式。只有压缩过的声音信号才能通过网络进行高效地传播。

同样的方法也适用于文字：将一篇文章扫描后以图片格式进行存储，用户就不能用文字处理软件对其进行处理了，因为该篇文章是以图片符号的形式进行编码存储的。以文字符号形式存储的文章，要比以图片形式存储的文章更受互联网用户的欢迎，因为用户可以从文字符号中截取部分以供自己使用。数字文章的第二个发展趋势是数据集成。一旦所有的电子文本都能够被互联网自动筛选，那么基于数据集成的多媒体文章就能够引发更多的关注，获取更多的认同。这是因为，在多媒体篇章和纯文字文本两者之间，用户往往倾向于选择前者。最后我们再来讨论一下第三个条件：网络化。网络化的优势主要体现在两个方面：从技术角度上看，网络化后的数字模因能够被大量复制，比如互联网上的网页复制量就比PDF格式的电子文档复制量大很多。另一方面，人的选择也会对数字模因的发展产生影响，网络化后的数字模因符合文化的社会化发展趋势。近几年来，使用电子邮件的青少年人数不断下降，而参与社会活动的青少年人数却越来越多。

数字革命是否能被人为控制？人类利用神经模因进行信息复制，计算机利用数字模因进行复制。尽管计算机是人类创造的，但计算机复制数字模因的过程并不需要人类的参与，数字模因可以在计算机内存中自行复制。数字模因是否能够算作继基因和神经模因之后的第三种复制载体？我个人的观点是肯定的。数字模因是一种能够为人类所控制的新型复制载体。数字编码是数字模因的复制方法，其工作原理与神经模因大不相同。数字模因的载体是计算机，部分复制过程是不受人类偏好所影响的。是的，数字模因是一种新型复制载体，即使我们不想看到，但数字模因的发展已经开始使其不断远离人类的控制，而我们却不可避免地受着它的影响。

8.5 数字编码是文化的DNA

如果数字模因是复制载体，那么数字编码就是它的DNA，就是数字文化的DNA。根据丹尼尔·丹尼特的理论，神经模因没有DNA，因为神经模因中并不包含"在大脑中能被直接观测到"的单位，也没有"句法结构一样的线性分类"[1]。一个数字模因是以一串线性编码的形式在计算机中存储的，就像基因是以一串碱基对的形式存储于DNA链上一样。基因和数字模因的编码都是二元的。神经模因是否是数字模因的初级阶段？与数字模因对应的基因复制是有初级阶段的，在这个初级阶段中，基因只是进行了模糊的、初步的分裂，还正在寻找最合适的演变形态[2]。文化进化的所有道路都会变成数字编码吗？数字时代到来之后，许多文化遗产已经被计算机转化成了数字编码，古老的手工艺品也逐渐被数字化了[3]。文化进化不仅要依靠人类的大脑，还要依靠能够存储在计算机中的数字模因。当这些以数字编码形式出现的模因呈现出线性结构之后，就符合了生物进化的规律。这样一来，数字模因就变成了文化的DNA。

基因复制的过程可以分为许多阶段。基因在复制过程中出现的错误及在修正错误的过程产生了突变——这发生在基因和染色体（染色体就是一长串基因）的层面上。生物体通过改变基因而改变了自

---

[1] 丹尼特（Denett，1995:354）。模因传播到底是句法复制还是语义复制，相关内容请参看舒尔茨（Schurz，2011:217-222）。
[2] 请参看鲁恩赫（Lynch，2007）。
[3] 比如在哥廷根或慕尼黑的数字中心（http://gdz.sub.uni-goettingen.de/gdz/ 以及 http://www.digitale-sammlungen.de/）。

身的表现型，因此在大自然优胜劣汰的规则中脱颖而出。"传统"模因论认为，神经模因的复制是通过模仿行为实现的。神经模因的表现型，也就是文化的不同表现形式，能够为人类所感知，基本的神经模因是在他人的大脑中进行复制的，由有意识的和无意识的模仿行为共同起作用。阅读和文字学习是传播文字模因最重要的模仿技能。当一个外来的神经模因接触到大脑中的其他神经模因时，其他神经模因就会影响外来神经模因的模仿进程，这样就有可能发生突变——即模因突变。

复制数字模因时不会出现这种突变现象。通常，由算法掌控的数据复制过程能够避免复制中出现错误。一旦错误出现，数字模因就会将错误完全地显示出来，比如 Word 文本中出现了不能被文字处理软件所识别的数据，它们就会直接被显示在文本中。那么，复制数字模因的过程中的突变到底会发生在何处呢？一台计算机并不能够理解一部文学小说，这与人类完全不同。人读完小说后，能够将小说中的故事进行复述，准确地指出主角、小说的特点和目的。而用计算机软件对这样的文本进行评鉴，就只能停留在数量分析的基础上。但计算机软件的这种能力也是文学家们感兴趣的地方，因为这对他们的工作有帮助。计算机改变不了被数字化后的神经模因，却能够创造适用于用算法分析的数字模因。计算机所能做到的就是量化分析，量化分析的结果就是数字模因，然后再将分析出来的数字模因与其他同样也是量化分析出来的数字模因相结合。因此，计算机中数字模因的产生方法通常是信息集成及量化。

每一种复制载体都有自己的进化方式。基因进化促进了生物体的发展，其复制通过细胞分裂进行，使生物体更加适应生存环境。神经模因的进化促进了语言、篇章、行为方式和其他文化形式的发展，使其适应周围的文化氛围，并在各自的文化氛围中得到广泛的传播。不同的复制载体有不同的环境，如同上一段文字文化的例子中讲的那样。某一个生物个体通过延伸表现型能够从同类生物体中脱颖而出。生物进化与文化进化的目的是相同的，都是在不断地适应周围的环境。进化对基因和神经模因的部分作用体现在选择各自的复制载体上：让细胞变成了基因的"存活载体"，让我们的大脑变成了神经模因的存活载体。

这两种进化的方式——塑造环境和优化载体——同样适用于数字模因。我们将会在下一个章节中详细讲述数字模因是如何将文字文化转变为数字文化并且产生了哪些变化。计算机技术是数字模因进化的间接载体。数字模因的"存活载体"就是能够产生各种表现型的计算机及它的各个部件（如显示屏和打印机等）。不断扩大的网络化、不断提高的处理器速度、不断降低的内存造价，证明了计算机这种数字模因的间接载体在过去的几十年中得到了迅猛发展。除此之外，不断更新的算法、高效的软件和方法，进一步提高了计算机处理数据的数量和效率。计算机技术的发展仍在继续，远未到达终点，不断改善的数字模因复制条件会进一步促进计算机技术的进步——尤其是硬件和软件的发展。

在生物进化论中，协同演化扮演着极为重要的角色。协同演化可以指共生现象，即两种不同种类的生物个体互帮互助，成为大自然优胜劣汰规则下的赢家，并且通过进化将这种合作进一步加强。除此之外，共同演化还可以指两种生物体之间的竞争现象，比如猎人和猎物、寄生物和宿主或生存在同一环境中相互竞争的物种[1]。

苏珊·布莱克摩尔将协同演化这一概念用于描述模因和基因之间的关系。这种协同演化更加类似于生物的共生现象，布莱克摩尔将文化进步（模因决定的）和人类大脑容量（基因决定的）之间相互影响的关系，作为模因和基因这两种复制载体之间共同演化发展的例子[2]。根据这一理论，对某一模因进行复制、并将复制后的模因通过交流植入到其他个体的大脑之中，会对个体的繁殖吸引力产生影响。这样一来，就产生了一个协同演化的循环模式，这种模式一方

---

[1] 请参看札尔夫（Zrzavy，2013:55）。
[2] 请参看布莱克摩尔（Blackmore，2005），第6章到第8章。

面提高了人类处理模因的能力，另一方面也筛选出了有利于大脑进化的基因。这就能够解释，为什么那些拥有优秀的语言能力或艺术能力的人，如歌唱家、音乐家、演员和艺术家，他们身上的性吸引力更强。

由于数字模因的复制时间实在太快，我们很难观察到数字模因和神经模因共同演化的过程。因此，我们也有权利质疑神经模因和数字模因之间到底是否存在协同演化。某些神经模因如果能够与数字模因相结合（也就是用一连串的数字代码代替神经模因，从而增强其竞争力），那么就能够使其更加成功地进行复制。下面这个例子可以证明上述事实：语言经历了一个极其革命性的变革；同一个物体能够对应数个单词（比如"少年"/"小伙子"和"女孩"/"姑娘"）以及许多方言变体。要将某种语言用书面形式记录下来，这些变体中的大多数都必须被淘汰，因为书面语言的目的是实现标准化。尽管有些变体最终会被保留下来，但口语仍旧会对其产生重大的影响。这些现象都发生在神经模因领域中，都是语言学家要研究的问题。

当书面文字被编成二进制码单词，就更有利于传播。编成二进制码的文字比未被编成二进制码的文字更利于复制，这是因为前者的复制过程更简单、出错率更低，并且能够被计算机软件自动处理，并通过网络进行传播。文字处理软件中的拼写检查功能，能够自动根据单词的几个首字母将正确的单词"选择"出来，并将其他的选项作为错误单词或方言标记出来，从而在复制的过程中尽量避免错误发生。数字化时代的到来，促进了文字的这种标准化语言形式的发展，这给语言的方言变体和区域变体带来了前所未有的威胁。能够通过互联网成功传播的数字模因（比如"少年"和"女孩"这两个书面词的数字编码）和与之相对应的神经模因（比如"少年"和"女孩"在我们大脑中对应的概念）呈现出共生关系，这样一来，其他变体（比如"小伙子"和"姑娘"）在大脑中出现的频率就会大大降低。

直到现在，语言学家们也未曾系统地研究过这一问题，但不断进步的数字化技术，却能为我们提供研究这一问题的方法。在语言的另外一些研究层面（比如语义和语用层面）上，数字化技术也将会在极大程度上改变其研究方法。这一目标一旦实现，那么数字模因（每一个单词都有对应的编码）就都会变成由 0 和 1 组成的信息流。

从上文布谷鸟和苇莺的例子中我们可以得知，协同演化可以通过竞争或寄生两种方式实现。神经模因和数字模因之间是否完成了协同演化则要从两方面进行考量：一方面，某种典型的神经模因呈现出对抗数字化发展的倾向；另一方面，数字化技术能够化解这种对抗的倾向。手写文字和电子文字之间的关系就是一个不断追求完成协同演化过程的例子。手写文字是为数不多的尚未被数字化完全征服的最后几处堡垒之一。尽管平板电脑上早就已经装上了能够识别手写体的软件，但如果书写者在屏幕上写的字非常"潦草"，或加入了几幅手画草图，那么计算机软件就无法识别。但随着智能书写技术的发展，原本受到数字化挤压的手写文字又进一步得到了广泛传播。本书的6.1中介绍了一种新的书写工具SmartPen，这种书写工具能够将手写笔迹转化为数字编码。用智能笔书写在纸张上的痕迹是以图片形式输入到计算机中的——神经模因和数字模因下一步的竞争就体现在对手动书写的痕迹予以识别上。

数字模因中的寄生行为和文字文化中的寄生行为并无二致：有些醉心于使用数字模因的人为了支持数字模因，完全放弃了人类自身的（基因）和文化的（神经）目标。一些为计算机技术发展和数字化发展作出极大贡献的科学家，也逐渐沦为了数字模因的工具。当今的社会，并不是计算机科学家控制计算机，而是计算机成就了计算机科学家。从一开始学习信息学这门科学的时候，年轻人的大脑就已经被"植入"了数字化的概念。现如今的计算机，已经不需要他们来创造更多的数字模因，因此，这些年轻的信息学家就更像是数字模因进化的工具。举一个例子，计算机语言学就是一门研究如何运用计算机将口语交流和书面交流完全自动化的学科，可以算得上是数字模因的一种延伸表现型。通过上述这些手段，"自私"的数字模因就逐渐融入到了人类文化的DNA中。

下面这个表格是8.3中表格的完善和拓展。最后一列加上了数字模因进化的相关内容：

	生物进化	文化进化
复制载体	细胞里的基因	大脑里的模因
环境	自然，也就是生态系统	文化，也就是人类社会
复制	基因复制	模仿，特别是阅读和写作
表现型	生物体及其组成部分和功能	例如篇章、语流、图片及其组成部分等
延伸表现型	例如河狸的水坝、蜘蛛网、布谷鸟的行为	例如图书馆、出版社、学校

数字进化
计算机内存中的数字模因
互相联网中的计算机系统
数字复制
屏幕显示、语言表达、DVD存储……
数字文化的基础设施和机构

本章已将近尾声，其中所写的某些观点或许颠覆了你的一般认知，比如：影响文化进化的并非是人类本身，人类只是文化发展的载体而已，影响文化进化的主要因素是模因；虽然我们因为受到了寄生物的袭击，而做出了一些看似违背自身意愿的行为，但其实这些行为在本质上仍旧是出于我们的本意；有些看起来是出于自由意志而做

出的行为，其实却并非出于自愿，每一个个体都是受到个体所相信的文化制约的。这些观点为我们打开了认识人类文化的新视角。我们的文化发展得非常快，我们只是文化进化中的一部分。我们并不能控制进化过程，只能影响它，作为大自然的一分子，我们能够做到的影响进化进程的行为，也不过就是种种树、养养动物而已。即使是人类自己的文化环境，我们也无法对其造成直接影响，只能是将自己的愿望放置到现有的文化环境中"培植"一下。那么，文字文化是如何发展成数字文化的，我们如何将自己的愿望植入其中，这两个问题将会在下一章中予以详细讨论。

9 数字文化

　　分析股票信息的过程是不是很有趣？如今这项工作已经能由计算机完成了。自动写作技术公司 Narrative Science 研发出了一款可以根据数据撰写报告的软件（请参看6.2）。该软件能够对网络上搜集到的所有股票信息，如有价证券、证券公司的季度报表或实时经济新闻等，进行评估，形成评估报告后再提供给读者。从报告中，读者能够看出股票发展的趋势，这种形式比表格更加直观。不仅如此，Narrative Science 还在福布斯杂志的官方网站上经营了一个博客，专门定期发布此类报告[1]。福布斯网站的信息供应商是谷歌新闻，用户

1　http://www.forbes.com/sites/narrativescience/

使用谷歌新闻，就能搜集到全世界发布在网络上的实时新闻。谷歌新闻的工作原理与谷歌搜索引擎一样，都是搜集新消息，将消息进行分类，存储在按照不同主题划分的结果页面中。系统每隔几分钟便对结果页面进行更新。如果谷歌将 Narrative Science 报告列为相关项，那么系统就能自动生成报告。

目前，能够利用实时信息帮助股民做出投资决策的是基金经理和股票分析师，然而在不久的将来，股民的投资决策将会由计算机辅助完成。"定量基金"（又称作短期"宽客基金"）其实就是计算机根据一定的算法对有价证券做出的评估[1]。计算机使用趋势分析法分析行情发展及其他参数。不过，如果要保证计算机分析结果的科学性，必须要有大量的、来源多样的实时信息，这样才能保证计算机对未来发展趋势预测的准确性。

计算机的分析结果会对股民的购买决策产生影响，而计算机分析结果又是来源于谷歌新闻中的消息，因此我们也可以说，谷歌新闻中的消息会对股民的购买决策产生影响。有价证券的买卖曲线随着信息的变化而变化，变化的曲线又被证券交易所收集起来，以表格的形式公布在网页上，供股民查看和使用。如此就形成了一个循环：计算机

---

[1] 请参看库尔斯（Kuls，2012）。

软件从证券交易所搜集实时股票信息,从网页上搜集新闻消息,对这些信息进行自动分析后生成报告;随后,分析软件又对报告进行评估,从而帮助股民做出决策。计算机完全具备单独完成数据分析和评估的能力,完全不需要具备阅读能力或计算能力的人参与。

你是不是觉得我说的这个例子过于极端?诚然,许多在这一过程中起作用的信息,都是由人搜集或整理出来的,但这一过程本身确实是完全由计算机完成的。由此可见,计算机分析技术已经深深地融入到了我们的日常生活之中。只要你承担得起这项消费,计算机就会帮助你解决大部分生活问题。当然,这一技术也不是万无一失的,美国联合航空公司的股东们就曾经在2008时吃过一个大亏。2008年9月,谷歌新闻刊登了一篇新闻报道,谣传美联航已经破产[1]。尽管美联航确实曾在2002年经历过无力偿还债务的危险期,但2008年的美联航早已经度过了危机,实现了盈利。这篇未标明报道时间的旧闻短短几分钟内就出现在了《芝加哥论坛报》旗下的小报《芝加哥太阳报》的新闻主页上。一位深夜浏览该网页的网民注意到了这条信息,并将其从在线档案中调取了出来,这样一来,即使这条消息的点击率不

1　请参看2008年9月4日刊登于纽约时报上的文章,http://www.nytimes.com/2008/09/15/technology/15google.html。

高,也能够始终出现在"热搜榜"的首页。这条旧闻很快就被谷歌新闻所捕捉,尽管谷歌新闻并未将其置顶,但在第二天早晨,这条消息还是被一家金融公司在搜索实时破产消息时——当然也是通过自动搜索的方式——搜到了,并被传送到全球金融和财经资讯提供商彭博社那里。"美联航公司申请破产"的消息被放在了彭博的主页上,引发了股市地震。短短5分钟,美联航(9月8日)股价从10美元跌至4美元,市值缩水高达10个亿。错误被发现并更正之后,股票价格又迅速回升,但却没能再回到之前的高位。

9.1 从文字文化到数字文化

在前面的几个章节中,我们详细讲述了"数字文化"的几个特点。首先,数字文化处理的是数字编码,因此需要计算机作为载体。其次,要影响数字文化,人必须依赖于机器。再者,有了数字编码,计算机才能精确复制和压缩数据。除此之外,数字化和计算机技术的发展——为数字文化的发展提供了技术支持:自动处理数据、将不同类型的数据进行压缩和存储,以及计算机的网络化。正因为数字编码没有任何限制,所以数字文化也不只局限于文字。数字文化最基本的单位是数字模因。数字模因已经跨越了媒介的界限,正在不断地向前继续发展。

　　数字文化的发展以文字文化的发展为基础，而文字文化的发展不可避免地会受到各种因素的影响。文字本身就是一种可视媒介，是人类通过阅读和写作获得的。这里的"获得"，一方面指学会文字符号系统的各种表达特征，另一方面指通过阅读和书写获取的认知能力。很长一段时间以来，科学技术对文字文化的发展的影响并不大。文字可以被理解为能够传递社会相关概念的文化符号。因此，在文化发展的进程中，人类建造了许多生产、复制、存储（书店、图书馆、档案馆）文字产品的基础设施及传播文化的机构（学校、大学、出版社、新闻社和艺术作品审查机构）。我们可以在神经模因中看到文字文化发展的推动力，如大脑中的想法、价值观、知识、概念和观点等。文化进化——在生物系统中是通过基因复制和基因突变实现的——是通过模仿（另外还有阅读和书写）及神经模因的重组得到保证的，这一过程通常被称为有创造力。此外，文字文化的基础设施和机构也能够帮助我们保存一些优秀的价值观和创新的观点。

　　文字文化的基础设施和机构，在数字化的压力下不断发生着改变。同时，数字文化也在不断地进行更新。而文字文化和数字文化之间也存在着冲突：文字文化的基础设施和机构的组织形式，基本都不大适合数字化时代的要求和理念。数字文化机构的发展事实上遇制了文字文化机构的发展，并有着逐渐取代后者的倾向。

数字化给文字文化的基础设施和机构带来了哪些具体影响呢？我们将在接下来的段落中进行讨论。除了这个问题，我们还需要讨论：为什么数字文化能遏制住文字文化。这个问题很容易回答：电子文本——即上一章中提到的数字模因——具备极大的优势。与传统文字文本（神经模因）相比，电子文本的复制速度更快、复制精确度更高、造价更低，这其实就是网络传播等邮局和快递公司相比，在信息送达方面的优势所在。除此之外，网络传播还能够让电子文本到达更多的读者手中。

电子文本的另外一个优势体现在其强大的多媒体性能上：电子文本中可以插入各种元素，这些元素是吸引读者阅读的法宝。电子文本的这一优势，要归功于数字信息的基本特点：首先，数字信息可以被存储于各类设备之中，其次，数字信息可实现全自动化处理。数字信息最容易被复制，其对于文字信息在复制数量上的优势，就如同农耕文明对比狩猎文明在繁殖上的优势。这就是数字信息和农耕文明取得胜利的原因——并不是因为它们有多"好"，而是因为它们在数量上胜过了对手[1]。

---

1 请参看布莱克摩尔（Blackmore，2005:61f）。

数字信息为什么拥有如此强大的复制能力呢？要回答这个问题，我们首先必须了解一下数字信息的复制方法。计算机技术的发展远远快于人类的进化速度。计算机采用的复制技术，在极短的时间内就能对周围环境的变化作出反应，从而占据选择优势。这种高效的信息复制方式使得电子文本更加适应数字化的发展趋势，向自动化、数据集成和网络化三个方向靠拢。能够为计算机自动处理且包含着大量多媒体元素的电子文本，从一开始就是以方便互联网传播为原则而设计的，因而它们能够在众多的电子文本中保持着极大的优势，始终立于不败之地。短信供应商逐渐转战Facebook和Twitter，博客越来越火，这两个例子都是明证。

更进一步来分析：促使某一文本吸引更多读者、占据传播优势的，不仅仅是该文本的外在样式，还有文本的内容。也就是说，如果文本的内容适合计算机复制，那么就会提高它的传播效率。那什么样的文本内容适合计算机复制呢？答案是：包含大量多媒体元素、由不同的符号系统组成的文本。加入了视觉效果和隐喻手法的电子文本，比纯文字文本更吸引读者的注意力。同样的道理也适用于网页：插入了其他文章链接的时事评论文章，比未插入任何链接的时事评论文章更吸引读者的关注。综上所述，电子文本的优势体现在如下三个层面：技术层面、媒体层面、内容层面。文章不仅被数字化了，而且还呈现出了越来越多的数字化特征。

在本章的引言中我们提到，符合数字信息传播特点的信息复制方法，会形成一个封闭的循环。在这个循环中，人类完全不参与数字系统的工作——这就有可能产生一些我们始料未及的后果，比如引言中关于某新闻网站发布的不实消息引发股价动荡的例子。尽管一开始产生负面影响的只是少量数据，但背后封闭的计算机循环系统却会将这种负面影响放大——这种危险存在于每一种数字文化的传播媒介之中。计算机技术不会自动向与人和谐共处的方向发展，这是导致这种危险不时发生的根本原因。

自动化、数据集成和网络化，这三种方法不一定会让数字文化具备混合性、多媒体性和社会交互性的特点。数字文化正在试图用自动化、多媒体化及社会分析技术等优势征服传统的文字文化，这种模式无疑是不科学的[1]。当自动化涉及人类生活的各个领域，并且在削弱人类基本能力方面取得了"显著成果"之后依然不停发展之时，我们就有必要开始做一些"反自动化"的事情了。具备多媒体特

---

[1] 智能手机相关分析和研究请参看科勒（Köhler，2012），麦克（Meckel，2011）为我们描绘了一个计算机算法操控占据绝对优势的未来发展前景。

征的电子文本，会削弱人的基本能力，它们把获取信息的过程当作一场争夺眼球的战争，这样一来，真正意义上的反馈和交流就不复存在了。当互联网上的交流变为了纯粹的数据搜集（如人的特征、偏好、行为和感觉等数据）时，能够借助这些数据进行分析的问题，也就只限于社会行为分析和行为控制这两个方面了。用反自动化、固定媒体和社会分析代替混合性、多媒体性和社会性，挽救不断衰败的文字文化、避免文字文化被数字文化所湮没、使人在数字文化的发展中发挥作用，这些任务对于传统文化机构来说，无疑是一个巨大的挑战。

9.2　出版社和书店行业

　　数字化对传统文化行业的强烈冲击，在出版业和图书零售行业表现得最为明显。本段及下面的三个段落中将会讨论如下几个问题：出版业和图书零售业的现状以及今后的发展方向——既有积极的，也有消极的；封闭式发展的传统文化有何危险；文化机构应该如何改变才能符合数字化时代的要求，推动数字文化的发展。

　　出版社的功能是组织书籍出版，并将书籍推向市场。书店业的目标则是尽可能多地出售书籍，并将阅读者发展为售书者[1]。数字化给出版业和书店业带来了许多亟待解决的问题，例如，在计算机技术的支持下，能不能将纸质书换一种样子？网上售书的销售策略与实体店相同吗？电子书是否也可以作为商品进行流通？实体店售书的宣传方法要做哪些改变才能适应网上售书？

我们先从自动化开始讲起。数字化时代到来后，许多书的作者已经不仅仅是人，还有计算机。网上书店"购买推荐"一栏列出的书目，都是计算机根据一定的算法得出的结果（"这些书你或许会感兴趣……"）。除此之外，读者阅读电子书的过程，也是由计算机经过分析进行引导的。这样一来，出版社的角色就必须被重新定义。许多所谓的专业出版社出版的读物，根本称不上是书，只是内容堆砌起来的"材料"而已，因此这类出版社也被人们戏称为"内容提供商"。这类出版社出版的图书多为词典、字典、旅游指南、烹饪指导或各种工具书。它们被保存在数据库中，每一本书都是由数据库中的数据"组合"出来的。就像6.2节所讲述的那样，出版文学类作品的出版社将故事作为"材料"，用这些材料组合成书。材料搜集和成书这两个过程是分开的。作者负责材料搜集，出版商负责将

---

[1] 请参看施塔特（Schönstedt，1999）。

这些材料按照市场需求进行半自动化或全自动化的组合。

　　对于出版社来说，有两个方面非常重要：材料中的元数据和编撰书籍过程中的阅读分析数据。元数据、附加数据使得文本能够根据需求进行重新组合。从电子阅读器中获取的阅读分析数据，能够让出版社把握市场的动向。这两方面结合起来，就会让图书出版越来越"以读者为导向"——同样的情况也出现在电视节目中（电视台通过监控收视率实现以观众为导向的发展模式）。市场调查表中的数据——销售额多少，哪个地方的人买得最多，哪些人买得最多？——使出版社不得不将注意力转向市场需求，并根据市场的需求，创造出一些增加图书销量的方法。

　　亚马逊是互联网时代最大的网上图书销售商。除图书之外，亚马逊还涉及许多其他领域。现如今，几乎每一家大型的图书销售商都经营着网上书店，有时候还会举办一些网络促销活动。图书零售商奥西兰德（Osiander）在法兰克福及德国的许多地区都开通了短途自行车送书服务。长期以来，亚马逊公司得益于其世界最大网上图书供应商的身份，因而掌握了其他图书供应商无法企及的购买数据。亚马逊的数据分析技术相当先进，能够预测出某本书未来一段时间内在某一地区的销售额。将这一预估数据提供给当地的分公司，分公司就能根据该数据提前准备好足量的货品[1]。

之所以能够对销售额进行预估，正是因为网上图书供应商手中掌握着大量的数据。虽然网上图书供应商与顾客并未见面，但他们对顾客的喜好掌握得却极其准确。因为，顾客想要在网上购书，就需要浏览书目，再选出感兴趣的书，最后下订单购买，这样一来，就会产生数据。将这些数据与其他购买者的数据进行比较，便能总结出每一位读者的个人偏好，从而按照个人偏好进行定点广告投放[2]。这种定点广告投放的命中率出奇地高——甚至可以用令人咋舌来形容；通过这种方式，网络图书供应商就能为每个读者推荐更多的、符合读者需求和兴趣的图书，以此来加强客户关系[3]。

还有一个更好的办法，那就是"按需印刷"。如果网络图书供应商已经预测到某本书将会被更多的人预定，那么就立刻按所预测的需求量进行印制。不过要用好这个办法，网络图书供应商必须配备高效的印刷机器。美国公司 On Demand Books 发明的"浓缩咖啡印

---

1 请参看 http://www.spiegel.de/netzwelt/web/neues-patent-amazon-will-schon-vor-der-bestellung-liefern-a-944252.html。
2 请参看克拉赫尔德（Klahold，2009）。
3 还有一种类似的方法叫"个性化定价"，也就是同一款商品售卖给不同客户群体时的定价不同，定价的高低是根据不同客户的心理价位估算出来的。

书机"印刷一本书只需短短5分钟[1]。这种图书生产方法特别适合印制需求量极少的图书，浓缩咖啡印书机未出现之前，这种印刷次数极少的图书只能在作者自己经营的出版社里出版，有些甚至根本无法问世。那些开放版权的古书，一般也会用这种方法进行印刷。与"浓缩咖啡印书机"公司合作之后，谷歌图书也为用户提供了开放版权书籍按需印刷的服务[2]。对于书店业来说，按需印刷还有一个优势：书店不再需要存储书籍的库房了，也不必将图书通过运输公司送达读者的手中。这种图书印刷法如同3D打印技术一样，它们的产品都是立等可取的。按需印刷服务打破了数字出版和传统出版之间的界限。这样一来，一本书该以纸质书的形式还是电子书的形式出版，对于出版社来说就不再是一个必须要解决的难题了。

包含音频、视频、动画或交互图像的电子书是不能被印刷出来的。这种书只适合显示在电子书阅读终端设备上，而且阅读这种电子书的过程也与前文第5章所讲的阅读过程完全不同。印刷包含多媒体元素的电子书对于出版社而言，无疑是一个巨大的挑战，只有将电子书中的内容重新予以编排，才能够将原书的内容在纸张上重现。撰写一本包含多媒体元素的电子书，需要文字作者及插画师共同合

---

[1] http://www.ondemandbooks.com/
[2] http://www.boersenblatt.net/339783

作，这是一个大工程，其最终的美学效果必须要能与计算机游戏相媲美。这种电子书从一开始就是按照网络营销的标准进行设计的，因此也就只能通过互联网进行销售。多媒体电子书必须具备哪些特点，才能保证出版商获取可观的经济利益？多媒体电子书的消费群体应该如何定位？这些问题的答案出版社必须不断地进行探索。

书店业的最后一个挑战就是网络化。现如今，在网络图书供应商的挤压下，传统书店纷纷关门大吉，数量急剧下降[1]。网络销售不需要店面、订单送达速度快，这两个优势进一步加剧了这一趋势。在网络图书销售越来越兴盛的大背景下，传统书店要继续存活，就必须改变自己的经营模式，而不应该寄希望于通过搭售一些儿童玩具来挽救岌岌可危的生意，况且这种方法已经被事实证明是完全错误的[2]。正确的方法应该是将实体店与网上书店结合起来，比如为"按需印刷"服务或为电子书提供技术支持。

向社会阅读方向发展也是一条出路。实体书店是读者与现实世界结合的一个切入点。在实体书店，读者可以面对面地交流——毕竟互联网与真实的世界还是有差距的。开放存取向作者收取文章处理费，

---

[1] 请参看安可布兰德（Ankenbrand，2012）。
[2] 请参看克努布（Knop，2013）中讲述的德国最大连锁书店Thalia陷入经营危机的案例。

但读者却可以免费获取电子文档，出版社与书店也可借鉴这种运营模式。要应对数字化时代的挑战、缩短图书的出版周期，出版社必须集出版、营销、客户关系经营及网络化各种功能于一体。已经出版的纸质书也有可能出现错误，这时就要对其进行再版。要使纸质书籍融入读者的生活，出版社除了出版图书之外，还必须关注营销技巧。或许这会成为数字文化浪潮中出版社所独有的特征：不仅是文字产品的创造者，还是精通市场营销的专家。

　　文化进化中的变革，会决定哪些产品和组织形式会存活下来。相对于印刷在纸张上的文字符号，数字符号不仅能够被阅读，还能方便地被截取、复制和粘贴，表现出了更为强大的功能，这种特点决定了电子书相较于纸质书必然具备极大的选择优势。不断改进的互联网传播技术，会进一步利用电子书的优势促进网上书店的发展。它呈现出了一个循环，在这个循环中，电子书的出版和营销由同一个供应商承担。电子书的营销策略依赖于销售和阅读数据，其图书推荐系统会利用这些数据将有关书目显示到读者的阅读器上，读者点击感兴趣的图书后又会产生新的阅读数据。亚马逊遵循的就是这种营销策略，因而逐渐发展成了全球最大的网络图书供应商。亚马逊推出的电子书阅读器 Kindle 从读者那里获取了大量数据，通过比较和分析这些数据，亚马逊便能得到对企业发展至关重要的信息。

除此之外，为了使分析结果更加精确，亚马逊与其他领域中采取同样策略的公司（比如Facebook、谷歌）进行合作，进一步优化了数据源。如果网络图书供应商能够成功完成上述这些步骤，那么他们出版的书籍就能完全迎合读者的喜好，不断攀升的销售量会证明这一点。但是，任凭这样的趋势发展下去，那就会导致一系列严重问题的出现，如推动知识或政治发展的动力消失、现存的社会阶层固化、文化的一致性遭到破坏，这些不应该是数字文化发展的最终结果。

为了阻止这一趋势向不良方向发展，我们必须将出版和营销以恰当的方式分离。在如今这个竞争越来越激烈的图书市场，一个出版社想要脱颖而出，首先必须是一个公开合法的法人团体，就像德国国家电视一台ARD和电视二台ZDF、公立高校或国家银行一样。这样的身份能够保证出版社享有特别的保护权。此外，只要出版社能够调整阅读和销售数据，还会享有更多的保护权。所有的措施都必须以中断封闭的数字出版流程为目标，从而避免其对社会产生负面影响。这样一来，通过书本（无论是电子书还是纸质书）进行的文化交流，就会成为数字文化中不可或缺的一部分。

9.3 中学和大学

中学的目的是将文化教授给年轻人。我们将这一过程称之为教育,但教育的内容是什么,这个问题一直以来都是公众讨论的对象。不过在一点上大家却认识一致,那就是:掌握获取文化知识的技能,比如阅读、书写、逻辑严谨地讲话(包括学习外语)、计算、描述图画或表格的内容,是教育最基本的内容。使用母语进行阅读和书写,是中学教育最基本的意义,使用拉丁语进行阅读和写作,是中学高年级学生要掌握的技能。中学生在学校里学到的都是成年人所认为重要的、有意义的文化知识。这些文化知识通常提炼自传统文化,并对未来的生活具有一定指导意义,但某些传统课程,比如宗教教义,其设置的目的如今已经和从前大不一样了。

大学教育的初衷,并不是直接向学生传授知识,而是要将与某一专业相关的知识或能力传授给学生。因此,大学生大都有一个具体的目标,如获得从事某一行业的技能,或通过一场考试获得为行业所认可的资质认证。尽管德国大学的教育一度为宗教所影响,但数百年来,学术教育仍旧占据了重要位置。学生修习某门课程或某个课程模块,达到一定的学时和学分后,其能力便获得认可。教育在大学中成为了带有服务性质的可选商品,学生上缴或便宜或昂贵的学费就可以享受这种服务。

通常情况下，上完小学我们就具备了阅读和写作的技能。尽管大部分的学生在第一个学年结束后都能够掌握字母表、重要的正字法规则以及具备流畅的阅读能力，但之后的学习还会进一步加深其处理文字的能力。处理文字的能力不仅限于熟练掌握标点符号的使用规则、不同篇章类型的特点或者阅读和写作的技巧，还包括形成自己的语言变体，学会更好的书面表达。这样的学习过程会一直延续到大学，比如学会阅读或写作某一种特定的篇章类型——教科书、专业书、文章、家庭作业、考试作文。

数字化对许多传统写作产生多方面的影响。有了计算机的参与，传统的阅读和书写方式都发生了变化，文章的结构也更加符合多媒体化的要求，内容、读者和作者之间的联系也变得更加紧密。阅读和书写发生的这种变化应该被写进小学教科书中，让刚学会读写技能的一年级小学生明白，自己学会的读写技能还有另外一种表现形式。不过，学会手写从古至今一直都是我们运用一切新方法的基础。由于运用计算机进行写作的方法并非源自传统写作方法，因此，也无法像传统写作一样通过单独学习和练习来掌握。如今，设计合适版面的意义，就如同过去能够写得一手好书法一样重要。由于多媒体文章所遵循的规则，并不是从语言系统里推断得出的，因此中学必须根据阅读和书写发生的变化制定新的教学计划。

然而，单纯地修改教学计划显然是不够的。数字化还改变了我们的交流方式，这一点在学校里已经体现得十分明显了。中学生的交流方式，早已经不同于他们的老师和家长了，这种"隔离"状态不应在学校中继续存在下去。学校必须创建自己的主页，以便在互联网世界中取得一席之地。所有的教师都必须进行计算机技术培训，以便更好地适应数字化交流方式，并在课堂上正确地运用它。早先教育改革的目标——使学校变成学生生活的空间，而不仅仅是一个学习的场所——现如今可以在互联网这个虚拟世界中实现。过去我们普遍认为，学生只有在学习时间之外，才可以在互联网上找一些自己感兴趣的东西，而现在，我们应该打破这种固有的思维，让学校成为一个现实版的社交网络。数字阅读和书写应该深入到学校教育的方方面面，教师应该教会学生应对数字文化的技能，而不仅仅是上一门相关的课程而已。

由于教育目标的不同，相对于中学而言，大学向数字化转变的过程可以推进得较为从容，毕竟学术研究中少不了使用计算机搜索文献。现在的大学大都使用了教学管理系统（Learning Management System，简称LMS），这其实已经可以算作是网络与大学教育的结合了。教学管理系统会向学生提供某门课程的相关信息，比如参考资料、上课时间等信息。德国高校用的最多的是一款名为StudIP[1]的LMS系统，该系统除了上述这些信息外，还支持聊天功能和Wiki功能，能够将某一门讨论课上所有的材料都搜集在一起。大学还有电子图书馆、文献管理软件、工作组软件等。数字阅读和书写在书写某些类型的学术文章（如小组报告、学期论文、博士论文等）时也十分实用，作者可以在这些学术文章中加入大量多媒体元素。在数据库中搜索是做研究的基本方法之一，大学的图书馆正在努力将所有藏书都转换成电子书，方便学生查阅。综上所述，自动化、数据集成和网络化，已然成为了现代大学生阅读和书写的三大特征。

尽管大学教育在教学实践中对待数字化的态度可谓开放包容，但仍旧有许多问题亟待解决。数字化时代的到来，迫使大学教育不得不思考，它的内部结构、教学计划和教学结构是否适合不断变化的交流方式。现如今，学习这一行为，仍旧必须在某一地点才能完成。比如上课时，学生和老师都必须到某一间教室里去；要查阅资料，学生必须到图书馆去。知识传播与地点结合如此紧密，导致学生所有的学习行为不得不受到地点的限制。

这种受地点限制的教学和学习行为已经完全过时了，但教学和

---

[1] http://www.studip.de/

学习地点与网络之间应该是何种关系，仍旧没有答案。有些大学已经开始探讨如下问题了：如何将网络学习同固定地点学习结合起来？哪些课程或课程中的哪些部分应该采用固定教室的模式进行授课？哪些部分应该采用互联网学习的方式进行？当你思考这两者之间的关系应该如何协调的时候，就会产生更多的问题：学习行为多发生在哪一种社会群体中？面对面授课的意义是什么？面对面授课这种形式还应不应该保留，是否应该将所有的课堂都挪到网络上去，以便学生随时随地查看视频？面对面授课的消失，在教学法上的意义是什么？大学与大学之间是否有必要将同样的课程都以网络教学的形式进行以节省教学资源、提高教学效率？是否应该严格划分专业，如果学习行为能够脱离教学楼或图书馆，那么专业还有必要再保留吗？跨学科专业应该如何开设？

这些问题的背后是大学教育网络化。大学教育网络化多年前就已经开始发展了，比如大型开放式网络课程慕课（Massive Open Online Courses，简称MOOC）。慕课将最初的"真人辅助网络学习"，变为了"通过系统化分析进行的网络教学"，这一变化的意义无疑是巨大的。慕课不仅能够将学习者的答案转为问题，还能记录学习者回答问题的速度、学习者是否勤奋、注意力是否集中等信息，给学习者提供了一份学习进度反馈报告。

当然，网络教学系统做出的回答，只能是从该系统程序曾经处理过的结果中进行选择，一旦掌握了软件的回复规律，学习者就能预测网络教学系统会给出什么样的反馈。因此，计算机是否能够支持复杂的学习过程，而并不只是充当人与教学系统之间沟通的桥梁，这个问题尚待解决。

　　大学引入数字化的原因还有另外两项。其一是预防学术剽窃。如果将所有已出版的学术论文都上传至网络，并能被所有人检索，那么学术剽窃的比例就一定会降低。从古登堡时代开始，博士论文剽窃现象就已经存在了，学期论文和考试论文的剽窃率更高。通过剽窃无论如何也掌握不了真正的学术写作技能，当然更谈不上创新思维了。其二便是优化学术报告。许多学术报告不是语言单调贫乏，就是运用的多媒体元素太多。

　　计算机技术给学习和教学带来的改变，恰恰证明了我们不能放弃人对学术的控制，学术领域应当尽量避免过度数字化，比如：对学习者的数据进行过度分析，或者在学术文章中加入过多的多媒体元素。大学一直以来都是新技术的试验场，促进了新技术的蓬勃发展。

　　在数字化时代中，我们需要做到如下几点：避免完全脱离计算机技术、打破计算机系统封闭循环的特性、使学习和教学过程具备多样化及社会化特征。数字化及网络化的发展，就是我们思考改变大学教育组织结构的重要契机。大学如今已经发展成了一个开放的、自组织的网络，打破了与其他大学及研究机构的界限。大学教育固有的结构已经逐渐消失。让大学教育发生如此大变化的，并不单单是计算机技术的发展，也有文化交流方式的变化。新时期大学最重要的任务就是适应社会结构的变化。

9.4 图书馆和研究机构

"难道只有我们都成为了计算机科学家，才能胜任图书管理员的工作？"这是柏林工业大学图书馆两名年轻工作人员不久之前在一篇学术论文中提出的疑问[1]。实际上，图书馆是学校中受数字化冲击最大的机构。图书馆的传统功能是将图书分门别类进行整理、按照类别存放、为读者提供借阅服务。但现在的图书馆早就与20年前的图书馆大不相同了。数字图书馆里不仅可以存储图书和期刊杂志，还可以存放历史资料、数据库、单篇文章及论文、网页和研究数据等。数字图书馆里存储的所有内容都有自己的元数据，这样一来，系统就可以根据不同的标准对文章进行排序整理，从中找出读者所需的

---

[1] 请参看贝克、福斯特（Becker&Fürste，2013）。

内容。数字图书馆是在互联网上而不是在一幢大楼里将这些数据提供给读者的。尽管大部分数字图书馆都有实体馆址，但这些图书馆往往会联合起来共建一个网络虚拟图书馆，共用一个网页，这使得它们看起来就像是一个大型图书馆一样[1]。

如今的图书馆功能日趋多样化[2]。其中最重要的一项就是将纸质馆藏书籍全部变成电子书，以方便读者查阅。需要变成电子书的不仅是馆藏旧书，还有手抄孤本，甚至还有写在莎草纸或陶片上的古代文献。这些古文物上的文字会被仔细记录下来，另外实物还会被拍成分辨率极高的照片，以便达到"研究者们在研究时用复制文献比用原文献更加得心应手"的效果。古文献复制品上都附有标签，标签上的内容包括了原文献的来源、现状及意义。制作古代文献电子版并在网络上对公众开放，会避免原文献遭到破坏。除此之外，这种做法对古代文献的搜集也有着重大意义，比如一部完整的古代文献由于历史原因被分为了三部分，存放在世界上不同的三个地方，只有将这三部分文献都以电子书的形式出版后，我们才会发现，这三本书原来是属于同一本文献的[3]。

---

[1] 比如北莱茵威斯特法伦州的高校图书馆中心联合数据库（hbz, www.hbz-nrw.de）：http://okeanos-www.hbz-nrw.de/F/。

[2] 现代研究型图书馆的发展请参看诺伊洛特（Neuroth, 2013）。

[3] 对文献资料片段的整合是 Linked Data 的一个例子，相关内容请参看达诺瓦斯基 & 波尔（Danowski&Pohl）。

综上所述，我们可以看到，如今的图书馆已经不单是一个存储图书的地方了，还是一个存储文字研究数据的所在。研究数据就是做研究用到的原始数据，对这些数据进行分析和解释，就会产生新的认识。研究图书馆中存储的都是各种各样的研究数据，这些数据可供各领域的科研者（自然科学、社会科学、医学等）查阅。通过将文献电子版与元数据相结合的方法，让这些数据变得"可找"和"易读"，这对研究图书馆来说无疑是一个新的挑战。

数字化极大地扩展了图书馆的业务范围，比如利用数字化技术从文章中提取信息。之前的图书馆都是将图书按照一定的顺序进行排列，并给出关键词，以供读者选择。在现在的数字图书馆，读者要搜索一篇电子文献，只需将关键词输入搜索栏，即可迅速得到关于该文献的详细信息，而不是只得到一连串与该关键词有关的书目。如果读者有问题，可以通过自动阅读系统向图书管理员直接提出问题，得到的答案肯定比谷歌或必应搜索的准确度高很多。随着计算机深度理解能力的发展，图书馆的图书搜索系统就不再依赖于输入关键词了，而可以通过输入口语信息进行搜索。

如果能将从多篇文章中提取的信息结合起来并加以分析，那么科学家不用进实验室，就能得到全新的研究成果。网络开放式科技期刊 PLOS One 就属于"图书馆科学"这一学科下的学术期刊[1]。例如，从该期刊中我们能了解到，某一特殊基因有可能会增加肺癌的患病率——这一结论是通过分析52篇涉及这一基因的学术论文的元数据得出的。现如今的图书馆学，早就已经不仅仅是研究图书管理的科学了，而是一个搜集"原始信息"[2]、并对其进行分析处理的科学。

数字化时代中的图书管理员，尽管并不一定要成为计算机科学家才能胜任这份工作，但却必须具备一定的计算机知识，成为一个数字信息专家。文化发展的多样化、多媒体化及社会化已经蔓延到了图书馆领域，使得图书馆的组织结构不断地发生着变化。古代文献有了电子版，研究者也有了电子数据库，图书馆学与各个学科的交叉和联系日趋紧密。由于具备了信息整合能力，图书馆渐渐具备了科研机构的性质。在这个信息为最重要科研资源的时代，图书馆已然从一个服务机构转为了独立的科研单位。

当然，图书馆学的发展还存在一个问题，那就是图书馆是否应当将其研究产生的所有数据都向研究者公开？科学研究会不会被大量的数据"扼杀"？信息的搜集方法会不会影响科学问题的设定和研究？比如研究天气变化时，我们搜集到信息的一瞬间，天气情况就

---

1 http://www.PLOSone.org/browse/library_science
2 请参看赫尔（Heyer, 2006）。

已经发生了变化，因而根据搜集到的信息预计出来的结果也不一定准确。要提高预估的准确度，就必须不断地对数据进行更新。图书馆质量的高低可以从两个方面进行评价：数量和顺序。即使是未来的数字图书馆，也要同时注重信息数量和信息顺序——电子数据中的顺序也不是自然形成的，而是需要人为干预的。

　　要了解阅读和书写的数字化对研究结果会产生何种影响，网络科技期刊 PLOS One 可以作为一个很好的例子。该期刊除了电子版之外还有纸质版，其论文出版周期也远远短于传统学术期刊。为了保证期刊质量，PLOS 研发了一套鉴定系统。但即便通过了鉴定系统，也并不意味着走完了整个出版程序：论文可以被读者评价，作者可以进行修改。期刊中所有的表格和图片都能以各种格式被下载——甚至还有 PPT 版本，研究数据也是开放的。作者和读者都可以查看某一篇论文的引用量、Twitter 转载量或评论量。论文的文献都是超链接，只需点击一下鼠标，读者就能在谷歌学术中查看该篇文献，了解该文献的出版刊物、引用量等信息。

　　由于 PLOS One 的鉴定系统不仅限于评价研究方法的可信度，也不对稿件作出最终评定，版面费也是由投稿人承担的（不是读者）[1]，

---

1 当时（2014年2月8日）的版面费大概在1350美元，请参看 http://www.PLOS.org/publications/publication-fees/。

因此，同类学术期刊都指责PLOS One破坏了学术论文出版的秩序[1]。这样一来，研究机构在选择期刊的时候必须考量一下自己的出版预算，看一下手里的经费是充足得足够支付知名出版社的版面费，还是紧张得只够支付像PLOS One这样的网络学术期刊的版面费。

开放人文出版社（open humanities press）——一个社会科学领域的创新者——也推出了一种没有任何附加费用的公开出版物：液体书（Liquid Book）[2]。每个人都能改变液体书的内容和外形，根据个人偏好在液体书中加入评论和指示，并可以将液体书用于任何目的。最后再由编辑委员会共同决定保留哪些内容、删去哪些内容，确定最终版本并予以出版。

数字化对文字的影响不仅体现在学术出版物中，还体现在学术工作中。对于科研工作者来说，数字化带来的最大的改变就是交流与合作方式的变化，其中就包括迅速提高的交流速度。尽管现在发表学术论文或出版学术著作仍需要一些时间，但这已经比之前研究者们靠信件交流的时候快了很多。

互联网将信息交流的延迟时间缩短到了几分之一秒，将之前需

1　请参看吉勒斯（Giles，2007）。
2　http://www.openhumanitiespress.org/liquid-books.html

要一步一步完成的交流过程变成了几乎同步发生的交流过程。博客、Twitter、电子邮件、网络平台和社交网络都为科研工作者之间相互交流提供了空间，通过这些媒介，科研工作者既能了解同行们的动向，知道他们最近在哪里举办了学术会议，还能看出其他科研工作者的科学观点以及他们所感兴趣的课题。数字化的发展使得科学研究不再依赖于出版社、鉴定人和会议委员会的意见，而是依赖于互联网交流。

现如今，科研工作者们不能期望通过时间来证明自己的工作有多么重要——一旦刊出的学术出版物短时间内不能引起大家的关注，那么很快就会被其他人的学术出版物覆盖，消失在浩如烟海的科学研究成果之中。那些极为重要的科研成果会迅速引发讨论——如果你没能参与到讨论中，那么就不可能扩大自己的影响力。"出版还是消亡"揭示了发表学术出版物的重要性，但随着数字化的发展，却逐渐被"讨论还是沉默"所代替。

随着科学交流方式的变化，科研机构的组织形式也发生了变化。尽管对于许多科研工作者来说，在哪里做科研并不重要，只要能支持科研工作的推进、提供必要的科研条件就可以了，但做科研的地点仍然是由上级决定的，并且这个决定是一定会影响到科研工作的。科研工作者对自身的认同来自于各种专业机构的认同，如出版机构、学术组织、学术委员会和学术会议。这些机构也有着自身的组织形式和决策机制，用于解决资金如何分配、题目如何确定以及如何推进（或暂停）某项科研工作等问题。在数字化时代，科学影响力是通过交流产生的。因此，即使是年轻的科学家，也有可能通过互联网交流在业界获得极高的知名度。科研机构和学术组织在宣传一个人的名声方面，逐渐失去了作用。纸媒时代，科研工作者想要了解专业领域动态，就必须要加入某一学术组织并受其限制。但在数字化时代，只要工作做得足够好，一个人也可以引起极大的反响。

在这个数字化时代，科研机构已然失去了意义的发展趋势并不见得完全正确。科研机构本质上就是一种交流工具，它将科研工作的流程提前规划好，将科研工作者从繁杂的商讨工作流程（什么时候和谁按照什么步骤来完成？）的任务中解放出来。网络上的交流环境是十分开放、平等的，没有什么固定模式，更不可能产生高效的科研合作流程：研究者们可以在网络上各抒己见、相互竞争。就这样，科研机构逐渐被互联网所代替，科研工作者们都开始在网络上讨论最"时髦"的研究课题。随着多媒体技术的发展，这种趋势将变得更为明显，那些能够带来视觉效果的信息会吸引更多人的注意。科研机构必须找到一个新的方法，不仅能与自由开放的网络科研相媲美，还能引领学术高效发展、吸引更多的用户。

9.5 新闻和审查

新闻工作者这个职业是不是要消失了？现如今，我们获取新闻的途径简直太多了。谷歌新闻能自动从网络报纸中搜集新闻消息，合成新闻报道，搜索过程完全不需要人为干预。Twitter通过"主题搜索功能"保持某一话题的热度，并跟踪所有参与该话题讨论者的言论——这一过程也是完全由计算机完成的。博客这种新型新闻媒体也不需要专门的编辑，每个人都可以使用它。表面上看起来好像我们已经不再需要新闻工作者了，但仔细想来，这些新媒体没有一个不需要依附于人的劳动，也就是说，没有新闻编辑将这些新闻上传到网络上，这些新媒体根本无法自动合成新闻报道。谷歌新闻如果没有网络报纸的元数据，是不可能合成新闻报道的。Twitter的大数据处理系统twitter storm也是通过处理Twitter上的数据提取新闻消息的。点击量最多的博客，通常也都是出版社或新闻社的博客[1]。

事实上，数字化时代已经使新闻业发生了剧变。要适应新时代的信息传播特点，首先，新闻从业者必须准确掌握网络计算方法，参与到互联网文字创作中去。其次，他们还要会运用多媒体元素，

---

[1] 对这种情况的评估请参看西尔马赫（Schirrmacher，2012）。

改变以文字为文章主体的旧思维，在文章中加入多媒体元素，以便更加吸引人的眼球。数字化时代的新闻工作者，必须了解视觉化的含义，同时还要思考各种显示终端设备的特点。再者，数字化时代的新闻工作者，还必须学会与信息提供方及对话对象打交道，更多地考虑到人的社会性，学会撰写适合网络传播的文章、查询网络上的信息、利用社交网络的优势。

数字化时代也改变了编辑的工作。只要用好了多媒体元素，数字新闻媒体工作者就会取得极大的成功。将这一工作方法发挥到极致的是美国的一个新闻聚合网站Buzzfeed（www.buzzfeed.com）。它致力于从数百个新闻博客那里获取订阅源，通过搜索、发送信息链接，为用户浏览当天网上的最热门事件提供方便。Buzzfeed为用户提供的内容包括图片、视频和音频，图片中的文字很少，通常情况下都是短短几行文字下面配一幅带有讽刺意味的漫画。享誉世界的德国在线报纸Huffington[1]与Buzzfeed的理念相同。即使是《明镜周刊》[2]这样严肃的媒体，也会采用图文并茂的方式呈现新闻消息，将视频放在网页的显著位置，吸引读者的注意。编辑视频、制作图片已经变成了数字媒体编辑的主要工作之一。

---

1 www.huffingtonpst.de
2 www.spiegel.de

尽管图书馆管理员、科研工作者和新闻工作者不必成为计算机专家,但却必须具备一定的计算机和互联网知识。网络交流——无论是通过电子邮件、万维网还是其他服务器传递信息——的许多环节都可以进行监控[1]。信息发布者(如网页或电子邮件服务商)发出的信息通过本地网(也就是WLAN或公司内部网)、局域网(如电信网)、互联网,最后才能抵达信息接收者那里。这里的每一次信息转换都要用到路由器,路由器能发送和接收数据包。

阻止信息上传至互联网最简单的方式就是中断数据包传送。当然,数据包中的信息是可以被阅读、甚至被修改的。还有一种控制和阻止信息网络传播的技术叫内容分析技术,它是根据文章中的固定概念或短语进行搜索的一种技术。这种技术可以将某些网页地址屏蔽一段时间,比如20分钟[2]。由此可见,对搜寻引擎的搜索结果进行过滤和监管,以及将过滤的信息发送给信息接收者(尤其是儿童和青少年),在如今这个时代已非难事。计算机技术和网络技术,为数字信息的监管提供了技术支持。

网络信息监控的手段之多并不亚于网络信息处理的手段[3]。但网

---

[1] 信息监控技术请参看布莱希、吉尔曼(Bläsi&German,2009)。
[2] 布莱希、吉尔曼(Bläsi&German,2009:82-83)
[3] 布莱希、吉尔曼(Bläsi&German,2009:84-85)

络匿名技术却让识别用户变得十分困难，同时也让信息监控失去了意义。对互联网上的信息进行过滤，通常都是由代理服务器完成的。翻译服务或RSS（简易信息聚合）阅读软件也可以用作信息监控。除了上述手段之外，我们还可以通过暗网（Darknets）技术实现信息监控。暗网是隐藏起来的，标准搜索引擎很难发现它。

还有一个保护信息安全的方法，就是建立自己的网络系统。埃里克·施密特（Eric Schmidt）和杰瑞德·科恩（Jared Cohen）在他们的著作中描述了网络化的未来发展趋势。他们认为，在发展中国家可以利用手机上的蓝牙技术和点对点技术建立网络系统，而几乎监控不了这种网络[1]。这里所用到的对等技术（Peer to Peer，不通过任何中间服务器就能将用户直接连接起来），给网络信息监控造成了极大的困难。

倘若我们要脱离信息监控，就必须用到信息加密技术。比如，许多网页地址前面的"https"就是保证该网页信息安全的加密指令，以及邮件加密软件"PGP"[2]，它先对文本进行加密，然后再通过邮件将文本发送出去。国家安全机构也运用了一系列反监控技术：在

---

[1] 请参看施密特、科恩（Schmidt&Cohen, 2013:104-111）
[2] PGP是pretty good privacy的缩写，即所谓的公开密匙方法。

服务器上加"后台",在计算机等个人终端设备上加"网络搜索","双密匙"加密或用算法加密。然而,2013年斯诺登泄密事件已经证明,没有任何一种信息安全技术能永久有效。但我们也不用过于担心,国家信息安全系统、大公司的内部网络也不是那么轻易就能被入侵的[1]。

要避免被监控,交流的时候就要做到不被察觉。很久之前,人类就开始试图通过各种方法实现秘密交流,比如借助隐形墨水、微缩胶片等工具,或成立专门的地下交通站[2]。随着数字时代的到来,隐写术也重新引起了计算机科学家们的关注。只有手头有需要解密的文件时,美国国家安全局的解密技术才能派上用场。

还有一种信息加密的方法比较常用:在图中加入一些肉眼看不到的附加信息[3]。附加信息可以是单个像素点的色彩,每个像素点由8个二进制位组成(可以呈现出256种不同的色彩),对每个像素点的最后一个二进制位进行修改,将这些被修改过的二进制位组合起来,就构成了完整的信息——这些信息既可以是文字也可以是图片。

---

1 比如《法兰克福汇报》上刊登的萨沙·罗布(Sascha Lobo)的一篇文章,罗布(Lobo, 2014)。
2 更多的例子请参看施梅(Schmeh, 2009:7-148)。
3 施梅(Schmeh, 2009:150-159)以及卡森白塞、佩蒂特克拉斯(Katzenbeisser&Petitcolas, 2000)。

只要整幅图的颜色不一致，这种轻微的色彩变化用肉眼根本无法察觉，并且如果没有原图作对比，计算机也无法识别。同样的方法还可以用在音频和视频数据中。秘密组织中成员间的交流就是通过修改 Tumblr 或 Instagram 上的公开图片进行的。这种秘密交流方式既快速又安全，无人察觉。要进一步提高安全等级，我们还可以设置密码或直接对文字进行加密。

在明文中加入暗文，使一篇文章变为"文中文"，也是一种加密方法。数字化时代到来之前，人类使用的加密方法非常简单，即将要传达的秘密消息拆分成单个字，放在文章每一段的开头。了解这种加密方法的人拿到文章后，只需将每一段的第一个字按顺序写下来，就能知道该篇文章中隐藏的信息。将这种简单的加密方法输入到计算机中，就能生成许多符合该规则的加密文章。有一款网络应用 Spam Mimic[1] 就能按照这种加密方法，将待隐藏信息加入电子邮件，生成典型的垃圾邮件。文字加密的方法还有很多：利用 PGP 邮件加密软件或空格、运用 Unicode 编码（使用一些不为人察觉的特殊符号）[2]。有些系统甚至还能生成全新的"隐形"文本，这种文本看起来与正常文字文本无异，但却在某些地方加入了看不见的编码信

---

1 www.spammimic.com
2 关于这种隐形加密系统请参看 http://www.semantilog.org/biblingsteg/.

息。如果某一局域网内的计算机都使用同一种加密方法，那么未经授权的计算机就无法解密该局域网内传播的信息。

本章中我们讨论了数字化和网络化给某些文化机构带来的变化。每一次文化革新都会给文化机构带来变化。在用手书写的时代，文化机构就是教堂里的写字间、学校和图书馆。印刷机时代，文化机构就变成了出版社、书店及研究型大学。而在数字化时代，文化机构已经不再重要了，文字变成了数字信息，网络成为了传播这些数字信息的载体。

数字化时代的信息搜索方法也发生了翻天覆地的变化。海量的网络信息，催生了谷歌这种专门服务于信息搜索的大型公司。谷歌搜索结果的先后次序，受到了市场规律的控制，哪位客户的出价更高，其排名就更为靠前。杰伦·拉尼尔（Jaron Lanier）认为，这种赚钱方法将网民从占据主动地位的顾客，变成了被商家围猎的对象[1]。真正的搜索引擎，不应该采取这种方式牟利，网络用户有权查找到与所需信息相关度最高的信息。如果一个搜索引擎能够采用透明公平的算法来排列搜索结果，那么它传播信息的效率就等于（有时候甚至还大于）12个广播电台。

---

[1] 这一表达出自拉尼尔（Lanier, 2014）中的小标题。

10 过去的梦和未来的梦

道格拉斯·恩格尔巴特的梦想是什么？梦想是可选择的，是从现实中生发的，比如发生于1945年7月的事件。"二战"之后，欧洲人民的梦碎了，广岛长崎爆炸的两颗原子弹，也打碎了亚洲人民的梦。美国《大西洋月刊》发表了题为"我们将会如何思考"的文章，引起了世界的关注[1]。该文章的作者是美国二战时期著名的科学家和工程师范内瓦·布什（Vannevar Bush），当时几乎所有的军事研

---

1 "as we may think"，布什（Bush，1945）。关于这篇文章的产生过程你还可以参看施莱博尔（Schreiber，2012）。

究计划都出自布什之手。布什坚决拥护罗斯福总统，带领着6000多名科学家，完成了奠定美国二战胜利基础的一系列科学研究。其中最著名的就是"曼哈顿计划"。1945年7月16日，世界上第一颗原子弹在美国新墨西哥州试爆成功。曼哈顿计划的成功让布什意识到，战胜日本指日可待。

"曼哈顿计划"开创了"合作科研"的先河。与欧洲不同，二战不仅未给美国带来毁灭性的灾难，反而促进了美国经济、科技和国家管理体制的迅速发展，让它成为了这场战争真正的赢家。这样一来，整个世界（至少是西方世界）都必须处在美国人的统治和引领之下。二战后的美国，重建的不仅是自己国家的秩序，也重建了世界秩序。"接下来科学家的任务应该是什么？"二战结束后，布什在他发表的一篇论文的开头就提出了这样的疑问。布什的回答非常具有幻想色彩：二战后全世界科学家的任务，不是研发登月火箭或解决能源问题，也不是攻克危害人类健康的疾病或提高工业生产的效率，而应是创造一种名为Memex的信息存储器，相当于一个高科技的写字台。这就是这位地位仅次于美国总统的科学家[1]对未来科学研究任务的预测。

Memex是什么？布什将它定义为"能够帮助人类完成思考的机

---

1 扎哈瑞（Zachary，1997:106）

器"。所有的信息——书、报告、图片、信件、标注——都被存储在Memex中的微缩胶卷上,只需几秒钟就可以调取出来。新信息可以通过翻拍添加到微缩胶卷中,符号和标注可以用笔录入。除此之外,Memex还装有口述录入设备,支持口述录入。用键盘输入信息的编码,就可以从微缩胶卷中调取相关信息,并显示在屏幕上。布什还论证了建造该机器的可行性:基于当时的一些科技手段,如光电池、快速成像技术、电子管、继电器和机械计算机、穿孔卡片或磁带,就可以建造一台Memex。其中,穿孔卡片或磁带的作用是将各个部件连成一个整体。这时候的布什还没有"现代计算机"的概念,因此,Memex始终没有按照他的想法制造出来。

  Memex要具备哪些功能,才能符合布什的设想呢?一方面,Memex要能帮助人们承担一些工作,处理大量数字运算工作。另一方面,Memex还要能够处理文字、图片和表格、甚至手写字体等信息。按照布什的设想,Memex中的文字、图片、表格还应具备插入功能,以便用户修改。布什认为,Memex中的信息存储方式不应该像档案馆中的资料一样分类存储,而应按照联想原则进行存储,以便用户从众多的信息中快速提取有用的信息。基于此观点,产生了最早的"超链接"概念。布什认为,这种信息的链接(当时的布什还未将这个功能定义为"超链接")就是Memex最为独特之处,将信息链接起来就能扩展人类的认知能力，就像显微镜提高了人眼的观察能力一样。Memex其实就是"Memory Extender"的缩写，意为"存储扩展器"。布什不仅描述了通过链接构成的信息网络的图景，还讲述了信息如何按照主题进行划分、存储、并传递给Memex用户——这就是网络2.0设想。

1945年夏天，一位年轻的美国海军雷达工程师道格拉斯·恩格尔巴特看到了《大西洋月刊》上的这篇文章，当时的他还不到20岁，刚刚到达菲律宾[1]。

从读到这篇文章之后，Memex就成为了恩格尔巴特的梦。

二战结束后，恩格尔巴特开始着手实现自己的梦想，试图研发出布什所描述的那种机器。经过数年努力，1963年，恩格尔巴特在斯坦福大学获得了突破性的研究成果[2]。为了建构现代意义上的网络系统，恩格尔巴特不仅发明了鼠标，还创造了一系列直到现在还在使用的计算机概念：像素图形、可运行多个程序的窗口、可供多名用户同时审阅的资料、图形界面的文字编辑软件及超链接。在本书第1章中我们已经讲述了1968年12月恩格尔巴特团队的这些发明是如

---

[1] 巴蒂尼（Bardini，2000:41）
[2] 巴蒂尼（Bardini，2000:38-42以及82-83）。恩格尔巴特本身也要受到所处时代的影响，相关内容请参看巴蒂尼（Bardini，2000）。

何展示给其他科学家的。1945年,布什预测人类的工作方式将会向自动化、数据集成和网络化发展。1968年,布什的设想变成了现实,恩格尔巴特创造出了与Memex功能一致的"网络系统"。本书向大家所讲述的,正是这个梦想是如何一步一步成为现实的过程。

Memex设想引发了计算机革命,恩格尔巴特在此次革命性发展中起到了关键作用。他十分清楚地意识到这次机会来之不易,因此一定要抓住时机大干一场。于是,今时今日,我们才有机会看到计算机自动化、数据集成和网络化之间相互融合的局面。过去的几十年中,计算机技术的发展始终活力十足,计算机科学研究工作也由单打独斗变成了团队合作,依靠个人能力促进技术革新的时代已然过去了。

在为撰写本书搜集资料的过程中,我就发现,现在的很多著作都在讨论数字化和互联网给我们的生活带来了何种变化。梅赛德斯·布恩茨、奥斯·乌尔科斯(Ossi Urchs)和提姆·克拉(Tim Cole)[1]都认为这种变化能为生活带来积极影响,但罗兰·罗伊斯(Roland Reuss)、杰伦·拉尼尔、叶夫根·莫洛佐夫(Evgeny Morozov)[2]却认为这种变化会带来极大的负面影响。但他们都承认,

---

[1] 布恩茨(Bunz,2012),乌尔科斯、克拉(Urchs&Cole,2013)
[2] 罗伊斯(Reuss,2012),拉尼尔(Lanier,2014),莫洛佐夫(Morozov,2013),颇有争议的还有西尔马赫(Schirrmacher,2009)。

计算机技术本身并不限制文化和社会的发展。因此，我们才能在本书中讨论计算机技术给阅读和书写以及文化基础设施和文化机构带来的积极变化。我个人认为，只有这样，人类才能真正地理解文化进化，将眼光放长远，做一些有利于人类文化未来发展的工作。要实现文化的可持续发展，我们既不能一味地相信计算机技术，也不能完全否认它的作用，正确的做法是：既不诋毁技术怀疑论者及数字化和网络化的支持者，也不会不假思索地全盘接受他们的观点[1]。事实上，数字文化既不能称之为"好"，也不能称之为"不好"，它只是比较"特别"。

从文字文化过渡到数字文化，不仅改变了文化技术（即阅读和书写）、文化设施和文化机构，还改变了我们认识世界的方法和角度。在文字文化时代，一本书的定价并不由书的内容决定，而是由出版书籍的成本决定，其文化价值反映了社会投入的多少，阅读等同于获取知识，因此，阅读本身就是有价值的。书写被看作是一个通过深思熟虑获取知识的行为。在数字化时代，情况却完全不同：电子书使文字脱离了纸张载体，阅读要借助网络和智能手机，文字书写软件将我们从繁重的日常书写工作中解放了出来。数字化时代的文字

---

[1] 这一想法出自莫洛佐夫（Morozov, 2014）。

既可以通过网络出版，也可以"按需"印刷成书，提供给读者。一部书有多受读者的欢迎，不仅可以通过纸质书的印刷量来考量，还可以通过电子书在网络上的转发量、引用量、评论量和复制量来考量。纸质书的市场销量影响着其电子版本在网络上的传播量。由此可见，一本书获取关注的途径有很多，并且这些途径之间是相互影响的[1]。

数字化时代获取知识的方式也发生了变化。纸媒时代，读者需按照门类在图书馆中查找所需的知识；而数字化时代，读者只需在搜索引擎中输入关键词信息，即可查找到相关资料。

在文字文化时代，出版物的版权能够得到法律的严格保护，而在数字时代，法律不容易对大量的电子出版物进行监管。电子出版物也需要版权保护，只不过数字时代的版权保护工作必须要贴合电子出版物的特点，如文字无载体、复制数量无限制且免费等特点。版权保护对于数字时代的文字发展，有着巨大的影响，我们应当重视这个问题，不能让发生在音乐行业（网民在网络上可以随意下载没有版权的歌曲，压垮了唱片行业）的悲剧再次上演。

与文字文化时代一样，数字时代中也存在通信隐私保护、争取新闻自由及反对文字审查等问题。这三项工作之所以难以做好，就

---

[1] 这一结论的得出我要感谢尤蒂斯·威尔克·普利马维斯（Judith Wilke-Primavesi）的帮助。

是因为缺少相关的法律法规的保障。没有成文的法规，国外特工组织监控私人邮件和手机通信就不需要负任何刑事责任，但要通过纸媒出版的文字（比如英国的《卫报》[1]）还是必须经过审查部门的严格审查才能与读者见面。用于管理纸媒出版的法律法规可以借鉴到管理数字出版的工作中，但我们不必完全照搬。法律法规也要适应时代的发展，其适用性必须在实践中才能得到检验。因此，我们不能在未经实践检验的情况下，就贸然断言某些传统文字文化时代的旧规则不适用于数字文化时代，从而将这些宝贵的经验弃如敝履。

在科学的发展进程中，我们可以清楚地看到人类对文字文化的认识是如何变化的。比如对"作者"的界定就在不断变化——在文章中借鉴他人的文字不再被简单定义为"剽窃"。所有的学术论文事实上都是合作的成果。一篇学术论文（尤其是自然科学领域）通常有数位"作者"，但最后印在论文题目下面的人名才是公认的本论文的"学术作者"。纸媒时代，出版在学术刊物上的论文一经刊出就无法修改，数字化时代到来之后，就出现了能够弥补这一不足的网上学术期刊，比如我们在9.4小节中提到过的PLOS One。将论

---

[1] http://www.zeit.de/politik/ausland/2013-08/gchq-guardian-festplatten 或 http://www.cicero.de/weltbuehne/nsa-skandal-sind-die-massnahmen-gegen-den-guardian-rechtens/55462

文发表在网络学术期刊上，读者可以随时对其进行评论，作者也能及时根据读者的反馈意见对论文进行修改，极大地发挥了网络的交流优势。

数字化时代，发表在网络学术期刊上的学术论文中不仅有作者和学术出版机构的研究成果，还有网络上那些带给作者启迪的学术讨论成果，这就削弱了纸媒在学术出版领域的作用。除此之外，计算机技术和网络技术对学术交流活动的促进作用还体现在做报告（用多媒体）、创建用于科学研究的数据库以及开通用于学术交流的博客。

除了上述提到的具体变化之外，数字化的发展还改变了我们对一些概念的认识。比如现在的计算机科学家对"大数据"的普遍认知是：海量数据中一定隐藏着某种关系，而这种关系是可以被发现和利用的。举个例子，大量的文本数据中隐藏着许多语言规律，但语言规律不会自己显露出来，只有当我们运用计算机对文本数据（语料库）按照一定的方法进行分析之后，才能发现相关规律。大数据的应用范围很广，除了分析语言现象之外，还可以用来分析用户行为。

能通过网络被连接在一起的不仅有计算机和人类，还有知识。与文字文化中系统性非常强的"知识结构体系"不同，知识网络指的是信息与信息之间相互连接的方式和数量对其价值所起的作用。

数字时代到来后，计算机只需对交流过程进行分析，比如对一个人的所有邮件往来信息或其在社交网络上的所有信息进行分析，就能在不侵犯其通信隐私的前提下，推断出信件所涉及的内容及其重要性。因此，现如今只保护"通信隐私"已经不能满足人们保护隐私的需求了。在网络时代，要全面保护隐私，就必须从保护"交流隐私"入手，制定相关的法律法规，对庞大的数据网络进行管控，并通过文字审查，保障网络信息安全。

数百年来，文字文化一直伴随着人类文化和社会的发展，影响着人类对事物价值的判断。随着文字文化走向衰败，人类的价值观也逐渐发生了变化。新的价值观产生了，旧的价值观消亡了。适应时代发展的价值观被保留了下来，不适应时代发展的价值观被淘汰了。这并不是人类主动引导的结果，而是计算机技术的发展所选择的结果。数字化时代，具有选择优势和复制优势、适应数字化时代信息传播特点的价值观将被保留，文字文化中许多传统的价值观将被逐渐淘汰。

在作者撰写本书期间，发生了多起窃听丑闻，其中就包括著名的美国国家安全局窃听事件。这些事件在世界上引起了激烈的讨论，讨论的主题涉及：数字化会将我们引向何方，数字化技术是否应该为政治服务。一款通过网络传送短消息的智能手机应用，一个员工只有十几人的公司,被全世界最大的社交网站以140亿欧元收购[1]。这笔相当于新加坡或克罗地亚一整年的国家预算、比汉莎航空或保时捷公司的市值都多的资金被投资在一款传送短消息的软件中,只是因为这款软件的用户达到了5亿人。

这些数据表明,人类早就已经失去了对数字世界的控制能力。数字文化中,我们衡量事物价值的标准不单是事物本身的文化价值。数字文化就像"半人半机器"的杂交物种,人类已经不能控制数字文化的发展方向了,我们能做的只有调整和规范,这就需要制定一系列的政策法规。时代的发展要求我们对恩格尔巴特提出的计算机技术多样化、多媒体化及社会化发展予以新的解读和定义,在这一点上,人类才刚刚起步。只有这样做,恩格尔巴特的好梦才不会变成我们的噩梦,也只有这样做,我们才能在高度发达的数字文化中保护人类的利益不受侵害。

---

[1] 与此相关的项目名为WhatsApp以及社交网络Facebook。2014年2月,WhatsApp拥有55名员工,相关内容请参看阿尔伯格提(Albergotti,2014),到了2013年,WhatsApp上每日的短消息量可达270亿条。